千萬講師的50堂説話課

王永福 × 謝文憲 著

〈專文推薦一〉

一課之緣，一生的承諾

何飛鵬

幾年前，我先認識了憲哥，那時我們公司開了一門「團隊建立」（Team Building）的課，我因為好奇，就去上了全天的課，對憲哥上課的熱忱及效果都印象深刻，於是嘗試看看他有沒有出書的意願。後來他也真的出了書，讀者對他的書反應相當不錯，從此我們就變成朋友。

我和福哥是後來才認識的，地點在臉書。我偶然讀到福哥翻譯的一篇文章，也發現他是一個講師，專門講簡報及演說的課。對於他的發文我覺得頗有深度，後來也嘗試問他是否有出書的意願，最後真的出了一本《上台的技術》，也變成暢銷書。

之後，我發覺福哥與憲哥他們也是朋友，而且彼此惺惺相惜，接著就看到他們共同成立了「憲福講私塾」，一起經營公開班的課程。而且我還注意到他們開的課，幾乎都是秒殺，學員往往要在線上守候，一旦開放報名，就得立即下訂，才能完成報名並有機會上課。

這讓我十分好奇，是什麼樣的課程，會吸引這麼多人？而且聽說學費還不便宜。台灣真的有這麼多熱愛學習，而且願意付費的人嗎？

我一直在線上靜靜地觀察他們兩位所做的事，我慢慢理出一個邏輯。他們開的不只是一堂課，因為如果只是開課，許多地方都有類似的課程。除了開課、授課之外，他們營造的是一個共同學習，成長的社群，學員只要上了一次課，就是加入了一個互相激勵，互動，互相切磋、砥礪，也互相交流經驗的團體，而憲哥及福哥只不過是穿針引線的人。

從這一次他們兩位共同撰寫出版的這一本書——《千萬講師的五十堂說話課》，我們不難看出兩人的用心。書中有許多學員的案例，這些同學各有特色，各有優點，但同時也各有必須克服的困難。書中描述了憲哥、福哥小心謹慎地協助每一個人，一步步走過挫折，經過反覆練習，最後都能得到好的結果。

我終於想清楚了，憲哥、福哥做的事，是「一課之緣，也是一生的承諾」。上課只是個起點，真正的學習要從課程結束後開始，因為學員加入了一個終身學習的互動社團，他們不僅僅上了一堂課，更重要的是得到了一群終身可以互動交流的朋友，大家持續地互相觀摩、學習、成長、分享。

我的年紀雖然比較大，但我也喜歡擁有一群認真學習向上的朋友，這讓我感到希望，也感到溫暖。我很樂意和他們一起。

這不僅是一篇序，還是一個參與其中的人的見證宣言，福哥、憲哥及所有同學們，大家加油！

（本文作者為城邦媒體集團首席執行長）

〈專文推薦二〉

說出生命高格局，一堂價值千萬的職場課！

許景泰

千萬講師憲哥、福哥聯手出書了！

他們巧妙地運用親身所見、所聞、所感結集成五十篇真實故事，提煉出每則故事裡可以現學現用的心法與技巧，啟發職場人士如何開口說話並影響他人。每則故事包含了兩人多年來的上台訣竅、演講神技、征戰各企業授課的實戰精華，對於職場上該如何精進工作報告、鍛鍊口語表達，提供了許多精闢見解，以及令人恍然大悟「憲福一點道破的犀利觀點」。

一口氣非常過癮地看完這本書，讓我再度回到兩年前，初次認識憲哥、福哥這兩位企業名師的情景。我幾乎是在同一時間認識他們的，那時我舉辦了一場「向A+大師學管理」

的百人授課演講。他們首次同台競技，我在台下觀看，聽得入迷，受益匪淺。看得出他們兩人是截然不同的超級好講師，憲哥天生是個魅力型講者，不用簡報技巧也能說到令你折服。他能演能講，主持機智反應一流，是能掌控千人觀眾的好手，天生具備超級明星的潛質。福哥呢？完全不一樣，他凡事都苦幹過來，捨眾多能項卻獨選一門「上台的技術」，做為自己「No.1的職場絕活」。福哥，每一次上台都當作初次上台，時時刻刻做好萬全準備是他的不二心法，也是他如今成為超級講師的原因。

我無意比較兩位大師的差異，反而從本書中感受到兩人極度相似之處，例如：他們對人都非常真誠，只是表現方式不同。他們勇於挑戰，但有不一樣的風格魅力。他們都是超級講師，儘管成功的路徑迥異，卻也都攀上高峰。他們都是行動實力派，卻也知一己之力有限，於是共同創了「憲福育創」，造福更多職場人士在演講與說話技巧更上好幾層樓。他們雖知彼此個性差異極大，卻有共同目標與理想，並且願意無私、共享共融地合寫這一本職場人士必備的好書！我有幸拿到初稿為此書寫序，在慢慢咀嚼內文點點滴滴之際，他們倆就像在我眼前，真實不做作地再次從書中所提所點，給我許多警醒和智慧的啟發。他們身體力行，絕對不會光說不練，是人生職場教練，能用自己的生命去微觀，並且提煉出這五十個故事，傳授職場說話的巧實力。每個故事看似簡單，卻都展現了把「複雜變簡單」的最高境界，拳拳到位，看後即可立即拿走立馬派上用場。

他們彼此在尚未面對面認識之前，業界總相傳二人有所謂的「瑜亮情結」。當他們真正相遇時，才知道噪音總是有，但兩人惺惺相惜成為絕佳拍檔是無法阻擋的。仔細想想，一本由憲福兩人合寫的職場好書，吸引人的不僅是字裡行間俯拾皆是的說話好技巧，只要用心體會書中故事展現的生命力量，將能清楚看見憲福所公開價值「千萬」的具體作法，以及一聽就懂的行動建議。如此一來，你就能將千萬說話課真正「融合」到工作上，在下一次有需要開口說話的場合，表現得絕對不會比憲福遜色，同樣展現出自己的獨特魅力，發揮打動人心的口語影響力！

別忘了！在這本書中，憲哥、福哥不只教會我們用口說話影響他人、改變自己、達成目標，他們認真活出美好生命的態度，以行動來印證的作為，在在反映在書中許多觀點裡。我，推薦你細細閱讀，絕對有超乎想像的體會與收穫！

（本文作者為SmartM世紀智庫創辦人）

〈專文推薦三〉

字字珠璣、重拳犀利的真誠回饋

黃珮婷

當你是一家公司的領導人，其實是很寂寞的。在會議上，一旦你發表了意見，不是一片寂靜，點頭稱是；就是一陣附和，紛紛闡述。事實上，很多時候，我也未必百分之百確定自己說的是對是錯，但不管怎麼樣，一言既出，責任就要扛起來。然而，我多麼希望可以聽聽別人真實的意見，多麼希望可以充分討論，多麼希望可以徹底談一談。但是往往沒有人敢回饋，人人都說你對，也有人心裡還希望你錯呢。

在憲福育創的課程裡，有很多機制讓你獲得最豐富、最真誠、最實際的意見。從憲哥、福哥一個一個為你量身訂做的回饋，字字珠璣，重拳犀利，還可以無限量問到飽；到超優秀、超熱心，超級教學相長的輔導員制度；加上學長姊互相扶持，憲哥、福哥資源無私分享的一再練習與演練，觀摩學習，在短短的時間內透過專家與社群的力量，幫助你打通任督二脈，廣度與深度一次到位。而且，最重要的是，這樣的回饋與學習制度，雖然壓力爆表，但是安全溫暖。

不僅憲哥、福哥、學長姊，許多同學也常常問我：「為什麼妳還要來上課？」對我來說，課程的精彩當然是基本盤，但是這裡還有憲哥與福哥大器分享的資源，學長姊與同學們各個行業的綿密人際網路，一顆顆真誠好學、向上向善的心；更重要的是，我在這裡，可以很安全、很謙卑、很溫暖地獲得源源不絕的真誠回饋。不是只有說好棒棒的拍馬逢迎，只要我需要，隨時可以徹夜討論暢談，熱血參與，這一句：「Betty，我可以給妳一個小小意見嗎？」絕對讓我的學費值回票價。

（本文作者為百事中國區現代渠道及飲料銷售能力發展總監）

〈專文推薦四〉

真正打動人心的說話課

葉丙成

自從八年前開始在台大開簡報課後，我就一直聽到企業教育訓練界有兩位很厲害的超級講師，一位叫福哥，一位叫憲哥。我一直很好奇，同樣是教簡報，這兩位到底是怎麼樣厲害？為什麼每次在臉書上看到學員修了他們的課之後，就好像變了個人，而且個個都對兩位老師佩服得五體投地？身為一個熱衷教學的老師，我一直很想知道他們兩位的教學魅力到底是什麼？

因緣際會下，我認識了福哥。為了讓台大簡報課的學生能一見名師風采，我邀請了福哥擔任我們第三屆台大盃簡報大賽的評審。後來也因為福哥而結識憲哥，有幸邀請憲哥擔任我們第四屆大賽評審。聽了他們兩位在大賽對一個又一個同學的點評，我心裡OS：「能夠即時做這麼深刻的點評，好強！」

後來有機會跟福哥、憲哥合作，也參與了他們課程的幾次發表會。我再次深深體會到，福哥跟憲哥兩位最強的，就是可以在很短的時間之內看出學員的亮點跟缺點。而且，他們最厲害的是可以透過各種精彩的類比（棒球、五月天、etc.），讓大家很清楚地知道點評所要闡述的觀念跟要點。學員一聽完，馬上就知道要怎麼去努力改進。這真的太厲害了！

而且憲哥跟福哥總有好多真實的故事案例來做論證，讓學員們更深刻感受到一個好的簡報／演說觀念，在現實世界能造成什麼樣的改變。他們在課堂上所說的故事，都非常地吸引人！聽完後總能讓大家更有熱情跟動力去好好演練所學到的技巧。作為一個老師，我深深知道要讓學生燃起動機是多麼不容易的事。但兩位老師能做到讓每位學員都那麼積極投入，讓我非常佩服。

我常在想，像福哥跟憲哥如此精彩的點評、如此深刻的故事，若能讓更多人看到，那一定能幫助更多人大大提升演說功力。沒想到，想著想著，有一天就聽他們說寫了這本《千萬講師的50堂說話課》。我一看書稿，發現這不就是我在想的嗎？

書裡面是一篇又一篇的真實故事案例，讓讀者很清楚地看到各種觀念、心法、技巧在真實生活中的體現，以及當事人所感受到的增益。文末還有憲哥、福哥的點評，畫龍點睛地點出每則故事的箇中奧妙。如果讀者能好好滲透、反覆咀嚼之後，演說功力會自然而然大增。

讀完這本書，我也很感佩憲哥、福哥的無私。書中許許多多的觀念、心法，都是他們在課程中的重要內容。但兩位並不藏私，而是在書裡面很大方地全部分享給讀者。這樣寬大的胸襟，正如他們的為人，非常講情講義、熱情阿莎力。他們在百忙的教學行程之中，為什麼仍執著辛苦地寫完這本書？因為能夠幫助台灣更多人進步、成長，是兩位的初衷，也是兩位的理想。而他們正在實踐。

如果你想瞭解好的演說是什麼，想學怎麼做好的演說，這是一本絕對能幫助你大幅進步的好書。希望你也從這本書收穫滿滿！

（本文作者為台大電機系教授、PaGamO共同創辦人）

目錄
CONTENTS

第四章 千萬講師激發你無窮潛力 245

〈作者序一〉
兩年後的千萬講師，五十堂的無價學習

謝文憲

距離上一本新書《職場最重要的小事》，中間相隔兩年，兩年來，我不僅脫胎換骨，心裡更百感交集。

先來說說脫胎換骨

我與福哥，從互為競爭對手、到合開「超級簡報力」、合組「憲福講私塾」、創辦「憲福育創」，今年更一起合作數位影音新節目「憲場觀點」，五年前簡直就是兩條平行線的我們，命運安排我們相識、合作，最後迸發出美麗火花。

這一路的過程，只有親身體會，才能領略箇中奧妙。

我們成為最親近的工作夥伴、革命戰友，雖然我們的個性完全不一樣，但人生觀點與價值取向非常一致，能夠並肩共事，更是經歷了許多的事故，才創造了精彩的故事。

我們沒事時不常見面，唯一的共同點就是：「在各自的企業舞台上，繼續擔任簡報與授課的教練工作，我們持續精進、並肩精益求精。」

我承認，兩年前我沒這麼強，直到遇見福哥，他更是我成長進步的督促者與提攜者。內文有兩篇我首次看他上課的精彩描述，其中記載著英雄惜英雄的惺惺相惜，與宛如少林、武當派別相爭，爭辯武功孰高孰低，不如攜手共創未來的大我戲碼。

本來想將上述內容寫成一本書，若本書能夠得到廣大讀者喜愛，或許我們夢想將會成真，擇期公諸於世。

談談百感交集

兩年來我們也發生了許多事，我們偶有意見不合，態度相左，最後在價值觀取向的決策模式下，終將我們引入思維辯證的取捨決策，無論起因為何，每一次的結果都是對外一致的。

我們錯看一些人，做出些許錯誤決策，不過這些都是我們未來成長進步的動能與油料，利用此類小實驗精神，無論商業決策，或是專業建議，我們越來越能游刃有餘，這一切都仰賴我們的默契。

默契的養成，必須把自己完全放空，百分之百接納對方。

我所謂的百感交集，正是創業者每天面對各類型問題尋找因應方案的心路歷程，而本書記錄了大多數在舞台上發生的事件過程，與我們在舞台下的精準觀點。

你是誰，比你說什麼更重要

這十二年的講師生涯，講題、合作夥伴、路上同行者、操作方法都變化許多，唯一不變的是我對舞台的熱情與投入。我從企業戰場走向大眾市場，藉由書籍、職場專欄、廣播、影音媒體，讓我僥倖更上一層樓，「路上看多了以模仿為主的他人思維，就越是激發我堅持走自己道路的勇氣。」

一路從 nobody 成為 somebody 的過程，我終究體會到：唯有發自內心持續強化基本功，鍛鍊核心職能，增強論述內容，加上此後的學習論述技巧、說話方法，才是有用的解決方案。無須一路崇拜明星，仰賴大神，我自己更是不想成為那樣的人，直到孤單奮鬥多年後遇見福哥，才逐步寫出我們心中那五十個非凡與經典的小故事。

故事的主角幾乎都是職場工作者，有醫師、老師、大老闆、工程師、大學生、高階主管或業務工作者，甚至不乏名人，我們精準描述當時的場景，給予各種與上台相關的建議，進而試圖萃取出給大眾讀者的經典學習。

本書每篇均以故事或案例開頭，加上該案例教練的觀點，最後輔以憲福當事人之另一人的第三者想法，刀光劍影，篇篇精彩，連我念大一的兒子都嘖嘖稱奇，頻頻驚呼：「這本書，真是好看！」

謝謝商周出版，謝謝總編與責編鳳儀，謝謝何社長一路提攜我與福哥，謝謝淑貞與惠美從旁協助，謝謝憲福育創諸多的優秀學員，以及幕後奧援，謝謝所有推薦人助我們一臂之力，謝謝我與福哥的家人。

為何要學習說話技術

我每每打開電視機，看到許多名嘴用好口才抨擊時政、撕裂台灣，許多不肖商人用騙術欺騙消費者，詐騙集團用話術誘騙民眾財物，台上講者用花俏不實的手法贏取支持……，我都會感到痛心疾首，為何我們不能將其用在更正面的地方呢？

用言語改變組織文化、用故事淨化生命、用簡報強化論述、用TED傳播理念、用演講發揮影響力、用授課傳達正確觀念與知識、用更有趣有效的方法增進學習效果，如果問我跟福哥為何想要出這本書，我的答案是：

「用生命影響生命，用麥克風傳播理念，用信念改變世界。」

〈作者序二〉
說好話，做好人，有餘力，幫助人

王永福

雖然我們都知道，站上台說話，是非常重要的關鍵能力，但是許多人可能沒有想過，把這種能力發揮到極致，竟然會有這麼大的效果！不止改善很多人的工作、職涯發展、日常生活，甚至拯救了寶貴的生命！

憲哥與我都是職業講師，主要工作就是站在台上跟大家說話，或是教大家說話。平常我們都在各大上市公司的訓練教室，為企業學員進行內部訓練。一開始憲哥與我並不認識，我們不僅不是朋友，甚至更像是競爭對手。因為經常提供相同的訓練課程，最後進入決選的講師名單就是我們兩人。當時我自己也十分好奇，那個叫「謝文憲」的老師到底是誰？真的有那麼厲害嗎？

後來我們認識、合作，甚至一起教課、一起開公司，變成無話不談的好朋友（這段過程，如果讀者有興趣，等下一本書再來寫）。我們雖然核心專長不一樣：憲哥擅長用口語表達技巧，教人說出影響力；我則擅長用上台的技術，教人專業簡報力。然而我們之間有一件事情是相同的，就是教大家如何站上台說話，並且影響別人，達成目標。

因此在這幾年，我們透過公開課程，訓練了許多來自不同行業的學員，有醫師、工程師、老師、企業主管、非營利組織主管、創業家，甚至還有潛水教練。學員們進到教室中，學習怎麼有系統、有方法地上台說話，透過一次次不斷地修正，甚至重做的過程，把每個人上台說話的本事，磨練得更精準、更有效。我們總是能在課程的最後，看到大家在演練時發光發熱，跟上課前判若兩人。不僅讓台下的聽眾又哭又笑，連講者也對自己的無窮潛力感到不可置信，從結果來看，真是有很大的改變。

原本以為課程結束後，學習的效果也就完成了。但是，沒想到真正的效果，才準備開始發酵！

這段期間，我們陸續收到一些訊息回應。有醫師應用課堂上學習的技巧，說服病人接受必要治療，挽救一位年輕的女大學生；有非營利組織的執行長，應用這些技巧，募到千萬的慈善捐款；有技術高手運用了這些技巧，讓不同語言的國外人士也聽懂他介紹的專業產品；甚至有消防英雄、醫師、高中教師，因為運用了這些技巧，登上 TED×Taipei 的大舞台，讓更多人受到他們理念的感召，而認識到什麼是正確的火場逃生、如何為臨終的生命作主，以及對身心障礙學生的愛心、耐心與等待，這些不斷引發的後續效果，絕對是我們之前想像不到，甚至是超乎預期的表現！

身為教練我們當然覺得開心，也為大家的表現深感光榮！

但是能夠進到教室的人，畢竟是少數。對於其他無法前來教室上課的人，說話也許更是工作上的關鍵能力，只是還沒有想過要如何做好，也沒有機會學習突破，當然就無從得知擁有這些技巧後，能夠展現多大的威力了！

這次應商周出版的邀請，憲哥與我特別整理了運用說話技巧而發揮影響力的五十幾個故事。這些故事都是真實的，故事主角也都是我們曾經指導過的學員。我們想分享的，不止是這些故事，更多的是在故事的背後，他們做了什麼努力？用了哪些方法與技巧？也希望讓大家看到，在好好說話之後，帶來了多大的影響力。我們期望讀者能透過精彩的故事，從中得到不一樣的體會，進而改變想法、積極學習，最後能將所學到技巧，靈活運用到自己的工作或生活中。五十則故事就像五十堂課，讓你不需要進到教室，也能學到這些說話課的精華！

您可能會問我：學這麼多要做什麼？當然是「做個好人，行有餘力，幫助別人」啊！

準備好了嗎？請調整一下你的座位，準備上課囉！

第一章

千萬講師提醒你重要觀念

1 簡報好，職場進階三級跳

對的時間，講對的事，給對的人聽

董事長親臨的商務場合

以往遇到重要客戶，T公司的業務經理都會請董事長一起面見客戶，而公司的商務簡報也由董事長親自出馬。無論董事長講得好不好，客戶常會因為公司的誠意而下單，就這樣洪董擔任了許多年的業務簡報主講人。

洪董心想，這樣下去不是辦法，自己也已經六十多歲，總不能每回商務簡報都親自上陣，於是開始計劃交棒。

洪董對鄭經理說：「鄭經理，下次這種場合你找人上陣，不要再找我了，我在旁邊看就好。」

「好的，謝謝董事長。」鄭經理準備自己上場。

一次PCB（印刷電路板）的大客戶來廠訪問，對方的採購高階主管都到了，加上研發、製造、品保主管，好大的陣仗，未演先轟動，把公司的會議室擠得水洩不通，洪董坐在主位。

鄭經理上台簡報，開場還可以，感覺游刃有餘，但講到第一段公司沿革時，竟然連產品的研發時期、公司營業額破紀錄的年分、哪一年在大陸設哪一個廠、產品特色等，都發生張冠李戴的情況。最令洪董不能接受的是，鄭經理將所有文字都放在投影片上照稿念，眼睛完全沒有看著客戶。

洪董內心十分火大，忍住情緒不發作，他絕對不會在客戶面前罵自己員工。終於，二十分鐘無聊的簡報過去了，客戶哈欠連連，老闆臉色鐵青。

洪董：「鄭經理，你聽我簡報應該有十五次了吧？怎麼還學不會，你到底有沒有準備啊？」

鄭經理沉默不語。

此後雖然鄭經理職位沒有被調整，但在業務部幾乎被冷凍，不僅升不上去，客戶也沒有任何調動。公司內部盛傳，在洪董面前黑掉，很難白回來。

開一帖簡報課的解藥

T公司為了提升同仁的簡報能力，人資部門聯絡上我，告訴我上述故事。我的簡報課程宛如救命仙丹，讓我好生緊張。我坦誠回答：「簡報課程不是解藥，但我會全力以赴。」

隨後一星期，管顧與客戶提供詳細資料，讓我了解業務部門學員的狀況，以及他們的簡報實力。

課程第一天，我認為情況並不理想。場地就在公司辦公室樓上的會議室，空間小，不容易進行小組討論。而且學員都十分忙碌，難以靜下心來上課。教室裡的投影機是臨時架上的，投影與螢幕距離短，講師走動時勢必會影響投影。整體而言，學員的程度普通，但是學習意願還算高。

講師的工作就是如此，不管現場情況如何，都要努力完成所賦予的任務。就在第一天課程結束前，我發現了克莉絲汀。

克莉絲汀是業務部的資深專員，擔任業務協理所有對外的聯繫窗口，大學畢業後在公司服務七年，由於沒有扛業績，很難往上晉升。她各方面條件都不錯，尤其是口條，但從來沒在正式場合簡報，業務協理沒聽過，老闆更不知道她的實力。

也是因緣巧合，由於當天某業務不能來上課，她臨時候補進來，是全班最認真上課的學員。

第一天下課前我公布說：「第二天的演練課，黃協理會全程參加，大家好好加油，千萬不要漏氣。」上次漏氣的鄭經理，剛好離職半個月了。

演練那天，不僅黃協理在場，連洪董也現身教室，山雨欲來，學員們都好緊張。

學員逐一上台演練，洪董並未露出笑容。雖然黃協理表示大家進步許多，但這句話沒從洪董口中說出，我也有些心神不寧。

小專員的大簡報

輪到克莉絲汀上場，她的投影片算普通，但其他強項全都顯露無遺，尤其是對數字的精準掌握。

她用客戶聽得懂的語言侃侃而談，輕鬆說出公司近十年的進程、產品特色，包括哪一年有什麼重大突破、哪一年有什麼創新產品，全部如數家珍。

最令人激賞的是，公司二〇〇八至二〇〇九年的業績成長率三十八％，在這個數字的詮釋上，她花了許多工夫研究，並嘗試在簡報中說明。

她說：「請大家看一下公司的業績成長圖，或許會感到很意外，為何二〇〇八至二〇〇九年的成長率僅有三十八％，而其他年分都有五十％的成長？」此時，投影片將這個段落放大，隨後她接著說。

「那一年我們的競爭者紛紛遇到衰退，A公司衰退××％，B公司衰退××％，全球PCB產業大廠，只有我們逆勢成長，而那一年發生了全球金融風暴。」我瞄了一下洪董，他終於笑了。

克莉絲汀的簡報有幾個特色：

1誠懇自然的表達，看不出背稿的痕跡，雖然她的確準備了很久。

2 對於數據的呈現，不是花時間製作精美投影片，而是強化論述能力。

3 對於洪董想要聽什麼，她瞭若指掌。

4 課程結束後，她分享了自己的手寫筆記本，裡面滿滿都是公司簡介的重點，她也把以前業務簡報的優缺點，全部記錄下來。老實說，她應該準備好多年了。

該次簡報，克莉絲汀實至名歸榮獲冠軍。合照之後，我與人資協理、黃協理、管顧留下來跟洪董開會。洪董讚揚克莉絲汀的簡報，並認為這是該公司近十年來最佳的公司簡報。

一個月之後，克莉絲汀調任業務部經管組副理；隔年集團年度大會，她用視訊，在全公司與總裁面前，簡報公司年度營運狀況，獲得超級好評。半年後，她接下當初鄭經理留下的空缺，調往大陸，負責華南市場。

我一直覺得克莉絲汀的故事，未必是「醜小鴨變天鵝」，但我得到兩個啟發：

1 簡報，是職場最不公平的競賽，對的時間、講對的事、給對的人聽，你隨時有機會翻身，反之亦然。

2 做好準備，永遠不要說自己別無選擇，只要你是千里馬，就有可能遇到伯樂，除非你不是。

福哥講評

我在企業講授的簡報課程中，也曾遇到董事長臨時加入「旁聽」的情況，當天簡報表現極優異的那位學員，眾望所歸獲得演練比賽的冠軍。他是一位在公司服務超過十五年的經理，一直沒有再往上一階，而這場課程結束後，他就高升協理了！

你從來不會知道，當你簡報時，誰會坐在下面。只有每一次都做好準備，才能掌握住稍縱即逝的機會！

2 實現價值「千萬」的簡報

解決對方心中的問題，對方才會幫你解決問題

身為非營利組織的祕書長，Amy 除了繁重的會務工作，以及照顧身心障礙朋友權益之外，最重要的任務之一，就是募款了！在基金會曝光度不算高的狀況之下，主動而來的善款，並不如幾間知名公益團體來得踴躍，因此有很多時間，她必須親自拜訪企業家，爭取企業公益預算的贊助。

特別是這幾年基金會有一個大型專案，打算規劃建造一間教育中心，提供身障人員學習重返社會的技能。這需要更大筆的預算支出，Amy 也總是馬不停蹄地尋找機會，爭取更多的企業贊助。在這個狀況下，她覺得有必要進一步磨練自己的提案及簡報技巧。

沒什麼問題就是最大問題

在提案演練時，只聽到她不斷陳述基金會成立的宗旨多麼有意義，也一直提到為什麼基金會需要更多的資源，成立屬於身障人員的訓練中心。雖然她的態度很親切，也充滿熱忱，但是在演練結束後，我還是直接對她說：「身為公益團體的祕書長，應該把握每一次提案的機會。這樣的簡報水準，其實是不夠的！」

面對這樣直接的評論，Amy 有點委屈地回應：「我覺得我說得不錯啊！而且我把基金會的核心都點出來了！」她接著說：「之前我都這樣簡報，也沒什麼問題啊！」

其實「之前我也沒什麼問題」，就是最大的問題，因為聽眾很少會給你真實的回饋。大部分提案或簡報結束後，可能台下禮貌性地說聲謝謝，或是回應：「這是很好的提案，我們會再考慮。」然後就沒有下文了。表面上可以說沒有問題，但也可以說不知道問題出在哪裡。除非自己很有自覺，或是有專家在身邊指導，否則很少人真的能發現自己的問題。

站在對方的立場，找出關鍵問題

就以 Amy 的例子而言，在簡報中她花了最多的時間，從自己的角度來說明基金會，卻沒有站在對方的立場，想一想為什麼企業需要投入資源贊助這個基金會。在聽取簡報時，企業可能會想：

- 為什麼要支持這個基金會？
- 這個基金會，與其他的機構有什麼差別？
- 這麼做會產生什麼效益？對基金會？對企業？
- 這個大型專案的進度如何？現況？長期規劃？
- 需要我們投入什麼資源？會看到什麼效果？
- 基金會過去的表現如何？有哪些具體成績？

如果站在對方，也就是企業及主管的立場，試著想一想，很容易就能整理出許多類似的問題。不論是簡報或提案，重要的是在有限的時間內，針對這些關鍵想法及問題，提供足以讓對方信任及信服的解答。

當然，如果口才好，或是態度親切，對整體的說明都是加分。但千萬要記住：請試著站在對方的立場，解答他們心中的各種問題。因為只有當你解決他們心中的問題，他們才會幫助你解決你的問題。

帶著這樣的觀念跟態度，Amy很快重新構思了她的提案簡報，不再著眼於細述基金會的工作與宗旨，而是快速切入核心，說明基金會做過哪些事情？對社會有何具體貢獻？為什麼需要企業支持這個大型計劃？這個計劃對企業、基金會、身障人士及社會，又能創造什麼價值？

當Amy把焦點放在受提案者的身上，她很快轉化自己原本就極佳的同理心，以及善於關懷別人的長處，只是這一次她嘗試將簡報的重點，從基金會及受照顧的身障人士，轉變成企業以及聽取簡報的企業董事長，再配合她所具備的口才及熱情，在接下來的提案中，開始產生極大的變化。

下一次見面時，Amy給了我一個大大的擁抱，滿臉綻放著笑容告訴我：「福哥，你叫我千萬要記住的事，真是有『千萬』的價值啊！」我們相視一笑，不管百萬千萬，能夠透過說話、簡報或提案，完成預計目標，幫助更多需要幫助的人，影響力又何止千萬呢？

憲哥講評

Amy提案演練當天，經過福哥直言不諱的講評，我察覺到她的表情變了，有些難過傷心，甚至課程結束後就不見蹤影。

幾星期過後，消化了福哥的意見，Amy漸漸想通，表現越來越好。我們知道福哥說的是對的，就看當事人是否聽得進去所有的建議。

簡報時，如果只靠口才就奢望完成一切，最終無法進步。

設定目標，重新構思，用心準備，拿出自信，站在聽眾角度出發，才是上策。

3 在乎對方想聽的，拯救寶貴生命

醫學專業如何解答困惑？

加護病房外，陳爸爸跟陳媽媽不停地搖著頭，激動地對謝醫師說：「您不用再說了，我絕對不讓我女兒接受氣切手術治療。」話一說完，他們轉頭望向病床，自己的女兒小梅正無助地躺在床上，接下來是非常關鍵的一週，能否脫離危險，就要看治療的結果與運氣了。

外科醫師不明白的事

走在醫院的走廊上，謝醫師還是想不通，明明自己提出來的建議在醫學處置上是正確的，為什麼病人家屬那麼抗拒？躺在病床上的小梅，幾天前車禍重傷被送到醫院，因為腦出血無法自主呼吸，必須依賴呼吸器才能維持她的生命。身為胸腔外科醫師，謝醫師經過專業的評估後，建議讓小梅接受氣切手術，這對於呼吸維持以及後續治療，都有正面的助益。沒想到她的專業意見卻引發病人家屬——陳爸爸及陳媽媽極大的反對，不管謝醫師怎麼說明，他們都不接受氣切。到了最後，陳爸爸甚至動了怒，請醫師離開，不用再給他們任何建議。「明明是對的事，為什麼家屬卻無法接受呢？」謝醫師真的不懂！

帶著這樣的疑問，謝醫師來到教室接受專業簡報的訓練。第一天的課後作業，我們要求大家用自己真實事例作為簡報主題，並以便利貼發想的方式，思考內容架構。謝醫師想也不想的，就用氣切手術當成接下來練習的主題。

面對一面空白的牆壁，謝醫師飛快地把自己的想法與認知，一個個寫在便利貼上，接著一張張貼上牆壁。她太熟悉這個主題，從當醫師開始，每天都在這個領域鑽研。她研讀過大量專業書籍，閱覽了許多研究論文，也有豐富的治療案例。氣切手術的相關資訊，以及優缺點分析、治療的效益、併發症與控制……，她都瞭若指掌。沒多久，謝醫師就把這些專業想法，貼滿了一整面牆。

在乎聽眾的心聲

看著貼滿構思的便利貼之牆，謝醫師突然想起我們在課堂上的提醒：「不要只是想到你想講的，也要在乎聽眾想聽的……」

仔細一看，謝醫師才驚覺到一件事，所有她想講的內容，都是站在自己的醫學專業出發，是她想要講的東西。她從來沒有換個角度思考一下，對於病患或是家屬而言，氣切手術到底是什麼？拋開醫師的立場，一般人是怎麼看待這件事，會想要聽到什麼？

她問了幾個沒有醫學背景的朋友，大家的回答完全出乎她的意料之外。「氣切的都是植物人！」「脖子上劃一刀，應該就活不成了吧？」「手術之後，恐怕完全無法行動，也不能吃東西了吧？」……

這些想法都與她的醫學專業知識背道而馳。如果一般人想到的是這些，當然會非常排斥氣切手術。然而這些問題，病人與家屬從來不會主動說出口，謝醫師自然無從得知，「原來病人與家屬真正想知道的，跟專業醫療人員想要說明的，有這麼大的差距！」

謝醫師想起曾經飾演超人的知名演員克里斯多夫・李維，因為從馬上摔下的意外，造成脊椎損傷終身癱瘓。雖然必須依賴氣切管維持呼吸，但他還是可以吃飯、說話，甚至四處巡迴演講，展現他的生命力與影響力。如果站在病人及家屬的立場，換個角度來看這個主題，「或許可以有效地傳遞正確資訊，並給予更多的信心！」

這時，她心裡想的是病房中的小梅，以及焦急不已的陳爸爸跟陳媽媽！

正面回應家屬最在意的問題

再一次鼓起勇氣，謝醫師來到小梅的加護病房外，面對陳爸爸說明，「氣切手術的傷口不會很大，只要襯衫扣上釦子或者綁個領巾，很容易就遮住了」、「如果持續進步，氣切只是暫時的」、「以後復健的時候可以更安心，加快訓練的腳步」、「小梅還是可以說話，也可以從嘴巴吃東西」。

謝醫師站在家屬的立場，答覆了幾個他們最在意的問題，陳爸爸雖然還是有點疑慮，但最後同意謝醫師的提議，讓小梅接受這項手術。

很幸運的，手術後小梅整體恢復得很快。在十九歲生日那一天，還可以親口吃下爸爸為她準備的生日蛋糕。切蛋糕的時候，謝醫師也覺得很感動，偷偷躲在病房外默默拭淚。沒多久，小梅真的脫離了呼吸器，繼續轉往復健醫院進行治療。休學一年之後，小梅重返校園，繼續展開她美好的大學生活！

出院前，陳爸爸特別握著謝醫師的手不斷地鞠躬，並對她說：「真的很對不起，之前聽不下去您的建議，真的真的很對不起！」陳爸爸流著淚說道：「謝謝您願意再跟我們解釋一次氣切手術，而且說明得非常清楚。」看著陳爸爸帶著康復的小梅離開醫院，謝醫師心裡想著：「這一次，總算不是只有我聽懂，而是大家都聽得懂！」她的眼眶似乎又濕潤了。

憲哥講評

專業建立在「通俗的溝通」，謝醫師做了最佳示範！

4 「No comment!」的成長之路

優秀工作者的全方位學習

護理站中，同仁們帶著酸酸的語氣對悠姊說：「護理長，妳是不是太閒或錢太多啊？看妳三不五時就跑去台北上課，有用嗎？」這一年下來，悠姊除了負責原本已很繁重的護理工作，有時還得支援針對病人或家屬的衛教講座，儘管如此，每隔一陣子她就會去進修簡報與表達課程，希望自己在台上說話時更有影響力。同仁們知道後，大部分的反應是「時間太多」、「休息都來不及了，還上什麼課」、「錢太多，不如拿去逛街吃美食」，還有同仁很關心地問悠姊：「妳不會遇到詐騙集團了吧？」各種聲音，她都聽到了，但是她很清楚，自己為什麼要繼續往前走……

獲得啟發，擬定進階計劃

認識悠姊是個巧合，那時我大女兒云云剛出生，恰巧母乳哺育協會來信邀約授課。身為一個新手奶爸，我當然全力支持母乳哺育團體，因此就答應了這場邀約，也在講座上第一次見到悠姊。悠姊人親切，口條好，看起來是經常上台說話的種子講師。一個下午的課程很快就結束了，沒想到這一次的課程，在悠姊心中種下一顆成長的種子。

當天的課程，對悠姊產生很大的衝擊，「原來，這才是職業級的教學與表達。」事實上，經常上台說話與簡報的悠姊，她的口才早已獲得同仁們一致的肯定，但是上了專業簡報的課程後，她才驚覺自己還有不少成長的空間。

怎樣的簡報結構能讓表達更有力？如何將專業內容解說得更明白易懂？怎麼在短時間內達到更強的說服力？行動派的她，上網搜尋了課程講師的部落格與ＦＢ，並擬定自己的進階成長計劃。

接下來，悠姊密集報名參加相關課程及演講，不管是溝通、表達、說話、簡報，還是職場技能以及個人成長，只要是相關課程，她都盡量去上。甚至有一次因為沒搶到我演講的票，而在網路上貼出「求轉讓」的訊息，讓我特別在演講時詢問聽眾：「那位求轉讓的夥伴，有出現在現場嗎？」她就像海棉一樣，積極努力地學習著。

自我成長帶來的改變

其他護理同仁們也注意到悠姊的改變，但是大都覺得她像個異類。「學這些有用嗎？」「外面的觀念，跟我們不適合吧？」「妳也太標新立異了。」有些人是當面說，更多人是私底下談論，這些雜音有時會讓她感到沮喪。

悠姊的努力得不到同仁們的認同，許多人還抱著看好戲的心態，認為她遲早會放棄，「好好工作就好了，幹嘛這麼努力？」悠姊始終很清楚自己想變得更好的決心，唯有如此才能影響更多人，幫助其他人變得更好。

慢慢的，有些事情開始不一樣了。有一次在戒菸衛教講座後，一位聾啞協會的祕書上前向悠姊致意，除了稱讚她的簡報表現，並邀請她為協會的聾啞夥伴們進行戒菸講座。「該怎麼對一群聽不到聲音的夥伴演講？」她略想了一下就答應了。悠姊把這場講座當作自我挑戰，全力以赴，結果講座極為成功！會後有一位聾啞夥伴激動地透過手語翻譯對她說：「非常感謝您今天前來，我回去一定會把菸戒掉！」得到這麼熱烈的回響，完全超乎她的預期。

甜美的果實得來不易

「這樣的改變，長官會接受嗎？」悠姊開始漸進式地在工作簡報上，應用課程中學到的技巧。

其實她一開始還有點遲疑，擔心長官不欣賞這樣的表達方式，甚至有同仁提醒她：「不要自找麻煩，用原本的方式就好……」直到有一次高層長官在聽完報告後表示：「悠護理長的簡報非常好，簡潔漂亮，一看就懂！」這才讓她更加篤定自己的努力是對的。接著她還代表醫院，參加全國醫療品質的評鑑簡報，在簡報結束後，評審委員甚至說出：「驚豔，佩服。No comment!」悠姊也順利為醫院拿回特優的獎項。

護理站中，同仁們圍著悠姊說：「護理長真的好厲害，怎麼做到的啊？」「我早就說過，阿長上這些課一定很有用的。」「阿長什麼時候也可以指導我們一下呢？」大家七嘴八舌，悠姊不禁想起這段期間的付出，還有旁人的言語，同時彷彿又聽到評審委員的那句：「No comment!」看著身旁的同仁不斷提出各種問題、想要了解更多，她露出滿足的笑容。

憲哥講評

投資自己是穩賺不賠的。他人是看到才相信，悠姊是相信會看到。

5 台上的成敗由誰負責？

不是誰的錯，而是如何改善

從各種角度來看，這場產品說明會都不算成功，冗長的說明，缺乏結構的內容，簡報過程中夾雜過多的資訊，加上不算精美的投影片……。雖然簡報者語調高亢，講得非常賣力，但是從聽眾的反應看來，似乎無法引起任何興趣。只有偶爾幾位聽眾，針對產品的某些議題發問。不過簡報一結束，聽眾大都馬上起身離開，沒有人提問或留下來進一步討論。

我坐在台下，看著整場說明會的過程，身為簡報教練，我想待會必須跟簡報者——Rex 好好談一談。

等到東西整理收拾得差不多了，我問 Rex：「你覺得今天表現如何？」Rex 搖搖頭說：「不好，氣氛有點悶，雖然我盡力帶動，還是效果不佳。」至少對於結果的評估，他的看法與我的接近。

我接著問：「你覺得問題出現在哪裡？」接下來得到的答案，讓我非常訝異。

對象、主題、講者，哪裡錯了？

「對象邀錯了！」Rex 說。他覺得公司活動部門邀請的人都是採購與業務，採購人員太死板，而業務又太精明，都不是簡報的好對象。應該要邀請中高階主管，才能夠了解他談的產業發展，以及他所提出的產品策略與優勢。

我聽了覺得有些不敢置信，接著問：「可是一開始，你就知道哪些人會來參加了，不是應該針對聽眾的差異做出調整嗎？」聽我這麼問，Rex 帶著防衛的態度回應：「我知道，可是我說的這些內容，真的很重要啊！」

「重要的內容？是對講者還是對聽眾重要？」禁不住我連番發問，Rex 開始轉換態度回應說：「其實我覺得，我不大適合講這個產品，另外一個產品我講得更好。」我聽了更是訝異！這場講座，Rex 特別邀我前來旁聽產品簡報，等到結束後才說簡報主題不適合，會不會太遲了？

然而我從聽眾席的角度觀察，看到的情況似乎不是這麼一回事。

今天參加的聽眾是很優質的，他們在簡報尚未開始之前的交談，顯示了對這個產品的高度興趣。在簡報開始後，過於複雜的內容讓聽眾參與的程度降低了些，但是大家仍舊試著理出頭緒，還有人針對說明的細節提出一些問題。隨著時間的過去，我觀察到聽眾逐漸失去興趣，就只等著簡報結束，畢竟聽眾已明顯察覺到，簡報的內容及安排與期待的落差太多。

「問題不在聽眾，也不在主題，而在你！」我知道這麼說，Rex 一定不服氣，因此我整理了剛才簡報的內容，改變結構與講述的先後順序，從客戶現有的問題切入，接著帶入產品特色，最後再談公司及理念。這樣把原本散亂的簡報內容，有系統地加以組織，並且根據聽眾最關心的重點依序講解。

我問 Rex 這樣是不是清楚多了，「真的吔！一樣的簡報內容，只是調整結構以及先後順序，就變得清楚流暢。」Rex 很驚訝我怎麼能在這麼短的時間，馬上消化他剛剛的簡報內容，並調整出一份新的簡報。

態度不同，結果不同

「失敗可能有一百種理由。」我告訴他，要找理由其實很簡單。主題不對、場地不好、聽眾不適合、時間不恰當……，太多理由可以為一場失敗的簡報開脫，「但是你——也就是簡報者，才是主導結果的人！」不同的簡報者，面對同樣的主題、同樣的現場，可能會有完全不同的處理方式。用心的簡報者，總是會以最萬全的準備、最貼近聽眾需求的內容、最合適的呈現形式，來面對每一場的挑戰。因為他們知道，自己必須對結果負起全責！如果只想找理由，解釋為什麼效果不如預期，也許每次失敗都能找到某些理由，卻不會有任何改變。

態度不同，結果不同。重點從來不是誰的錯，而是要怎麼做才能改善，得到更好的結果。我苦口婆心向 Rex 提出許多建議，只為了一件事——「因為無論是好是壞，最後承受簡報成果的，是你的公司以及你自己啊！」

憲哥講評

雖然我不敢說簡報者一定占有百分之百決定成敗的比重，但一定是最高的比重。換個角度說好了，Rex可能是一位好的投手，不過是2A等級的投手，一旦對上大聯盟的打者，便會被打得滿頭包，不能說他不好，就是得回去重練。

「選擇戰場，就是選擇一種討生活的方式。」無所謂好壞，市場決定一切。別放棄練投就是了。

6 熱情讓聽眾買單

先愛上你的主題

在一次跨國企業的簡報演練中，主題是極為專業的資訊安全防護，報告者帶著各自的簡報輪流上台，試著在短短七分鐘的時間內，闡述想要分享的內容，例如，行為分析技術、勒索軟體防護，或是駭客入侵偵測等等。在經過一番訓練與調整之後，講者都能用易懂簡潔的簡報，讓台下快速理解專業內容。雖然每個人都表現得很好，但是聽完前幾位的簡報後，我覺得似乎還缺少了什麼？

這麼說好了，就是「專業有餘，熱情不足」！

報告者都有工程師背景，對報告主題的技術掌握度高，講述方式比較平鋪直敘，雖然能讓台下聽得懂、聽得清楚，但是明顯缺少了一種——溫度。「資安簡報的主題本來就比較生硬，這也是沒辦法的事吧！」我這麼告訴自己。

用興趣點燃簡報熱情

直到第七位報告者 Ray 上台，他要談的主題是「直升機」。我先喊了暫停，問他：「這跟你的工作有關嗎？」因為之前有規定，報告主題必須與工作相關。這時 Ray 有點靦腆地回答：「沒有！但是我真的很喜歡直升機這個主題，也非常想跟大家分享！」看著他堅定的眼神，我點點頭，請他開始進行簡報。

「我從小就喜歡直升機，覺得它可以垂直升降、定點停留、自由地在空中移動，真是太酷了！」接著，Ray 描述了他如何因為這個興趣，開始研究直升機的構造，並且陸續購入模型直升機把玩操作。他還蒐集了各種不同類型直升機的照片，最後分享自己搭乘直升機的經驗。我不曾搭乘過直升機，在聽了他萬分投入且熱情的分享後，不由得也升起體驗直升機之旅的念頭！

用熱情引爆聽眾興趣

Ray 演講完畢後，我請其他學員對他的簡報做回饋。除了內容精彩、投影片生動外，大家一致認為：他對這個主題充滿熱情！從他的眼神、音調、肢體語言，以及上台的投入程度，都能證明這一點。大家也許對這個主題不是很熟，卻都能被他講述時的熱情所感動。

趁著這個機會，我問大家：「有沒有想過如何把專業主題，講得就像你熱愛的興趣一樣呢？」事實上，直升機也是一個小眾的主題，但是 Ray 用他最大的熱情，激發台下聽講的興趣。如果在討論專業主題時，也能用分享興趣或嗜好的態度來進行，那麼在台上簡報時，不僅能保持專業，也能賦予冰冷的主題多一些溫度，讓台下樂於參與、投入並且了解。

經過一番討論與說明後，下一個上台的學員似乎得到了一些啟發。雖然談的主題仍然專業冷硬，但是比起之前的幾位，他明顯表現得更投入，也更樂在其中。畢竟這是資安工程師每日的工作任務，找到駭客入侵的方式與模式，並早一步把他們擋住，這讓他的日常工作充滿挑戰。他用熱情的聲音說著原本冰冷的內容，讓台下也能聽得津津有味，彷彿隨著他描述的情節，參與了資安人員跟駭客諜對諜的攻防戰。講者的熱情融化了冰冷的簡報，將它轉變成扣人心弦的偵探小說了！

憲哥講評

相信我，聽眾是冰雪聰明的，他們輕易就能分辨講者對該主題是充滿熱情，還是為了交差了事，是帶點瘋狂，還是虛應故事。從講者的舉手投足之間就能判斷，「專業讓簡報過關，熱情讓聽眾買單」。

7 不是母語也能奪冠

風格，比語言更重要的事

一次在捷運台北機廠的演講，外面有個年輕人在等我，想利用我演講後的時間，跟我討論簡報大賽的方法與技巧。

來自馬來西亞的僑生

我在「台大生活禮儀教室」系列課程中，五個學期，每班一百五十至一百八十個同學，只上兩次課，阿誠是少數見到人還能叫出名字的台大學生。他表現優異的程度，可想而知。

課堂中的高度參與、演練時的極佳表現、擔任後幾屆學弟妹的示範輔導員，阿誠的認真積極讓我讚賞不已。

阿誠說：「我要代表台灣到北京參加創業簡報大賽，憲哥可以幫我指導一下嗎？」

我問：「代表馬來西亞，還是代表台灣？」

「台灣，代表台灣大學喔！」

「我最近很忙，你出國比賽前四天，我上午在捷運台北機廠演講到十一點半，下午兩點在中壢還有一場，你過來台北機廠，我們討論三十分鐘如何？」

阿誠馬上允諾，有機會幫助這位來自馬來西亞的台大僑生，我真的很開心。

積極進取的態度

「不過，三十分鐘夠嗎？」阿誠探詢地問。

「那怎麼辦？我得趕去中壢演講，行程有點緊。」

「憲哥，你怎麼從北投到中壢？」阿誠的最後一搏。

「司機送我回去。」

「憲哥，那我搭你的車去中壢，我們在車上還可以聊一小時，回程我自己搭火車回台北。」

我的直覺，他不是省油的燈，而且非常想贏這個比賽，我決定傾囊相授。

我們在車上的談話，我的司機聽到後也跟我說：「那位馬來西亞的學生好積極。」

阿誠主要擔心四個問題：

1 他是馬來西亞人，普通話不標準，在北京該怎麼辦？

2 開場白要怎麼說才能達到最佳效果？

3 如何架構十分鐘的說服型簡報會更好？

4 他不擔心內容，問題是要如何吸睛？

事隔五年，我仍清楚記得他提出的問題，而我給他的回答依然歷歷在目。

「阿誠，四天後比賽就要在北京舉行了，你覺得你的普通話，有可能在四天之內突飛猛進嗎？借力使力吧，讓你的馬來西亞國語成為你的特色！我相信沒有人講話跟你一樣。」

接著，我送他三句開場白範例：

1金句法

「改變世界的方法有兩種，第一種是參加簡報大賽，其他的方法都是第二種。」

2問答法

「請問台下同學最遠的來自哪裡？來自哈爾濱的請舉手！來自海南島請舉手！來自烏魯木齊請舉手！……我來自馬來西亞吉隆坡，我是台灣大學的代表：林學誠。」

3定場法

主持人：「我們以熱烈的掌聲歡迎來自台灣的代表，林學誠！」

（三到五秒的鼓掌）

「（停頓三到五秒，環視台下，深呼吸）我擔心一位來自馬來西亞參賽者的普通話速度跟語調，會讓大家嚇一跳，請大家先適應一下我的快節奏。（笑聲！）」

關於「說服型簡報的架構」，我給他的建議是：

強力開場→事實→事實所引發的問題→正反立場→行動

至於「如何吸睛」，我告訴他：「阿誠你說話速度很快，只要在關鍵段落或畫面，適度暫停兩至三秒，讓此段落成為「突出點」，在快節奏的語速中，就會讓觀眾體會到這一段落的不同，創造吸睛的效果。」

我完全沒有改他的投影片，投影片已經很不錯了，我不建議他在大賽前還在改投影片，應該花時間在議題的論述上，以及強化與聽眾的互動。

結果如何呢？

他奪得當年兩岸創業簡報大賽冠軍，我第一時間收到他來自北京的簡訊。

回國後我問他：「那天你在我車上得到的建議，受用嗎？」

「認清自己是誰，借力使力，非常受用」、「開場白我有用」、「停頓我也有用」、「大家聽到我來自馬來西亞，還來參加比賽，紛紛跟我拍照合影耶。」

恭喜阿誠，好學的年輕人。

不是母語也能通

另外一個例子。

有次我邀請知名藝人吳鳳到我的「夢想實憲家」平台演講，他是土耳其人，會四、五種語言且苦學中文，據他表示：「我的中文，一輩子也不可能像憲哥一樣溜。」話雖如此，他的魅力與幽默感實在無法擋。

他用學語言的個人經驗，詮釋只會土耳其文，到學英文的好處，進而學德語的好處，最後說到學中文的好處，用淺顯易懂的語言，搭配案例與冷不防的台語、俗語笑哏，成功擄獲台下觀眾的心。

沒有拗口難懂的詞藻，都是日常用語，清楚明白。

一個小時演講過後，我為這場演講收尾，我問了現場近百位觀眾：「聽得懂一半的請舉手？七成的請舉手？九成的請舉手？完全聽懂的請舉手？」詢問過程中，沒有一個人將手放下。

我始終相信：「語言只是溝通工具，保有特色與幽默感，才能展現個人風格。」

我聽吳鳳演講一小時，全程哈哈大笑，對一位土耳其人來說，他付出了多少努力？阿誠何嘗不是呢？

「保有自我風格，讓它發光發熱！」是我送給讀者的誠懇建議。

福哥講評

「語言只是工具，技巧讓你發亮」，每當有人問到「英語簡報技巧」跟「簡報技巧」有什麼不同時，我經常這麼回應。畢竟你不會因為看到賈伯斯簡報，而說他擅長「英語簡報技巧」吧？

我在本書另一篇文章中，也提到一個跨語言的案例，雖然語言不同，還是能讓聽眾完全聽得懂專業簡報的內容。語言無法速成，但技巧本身是跨語言、跨國界的。只要掌握到關鍵技巧，一定能讓你在台上擁有優秀表現！

8 世界第一的進步祕訣！

最高主管親自示範做簡報

在高鐵站巧遇陳副總，他很熱情地跟我打招呼，更巧的是進入車廂後發現，我們坐在相臨的位子。陳副總話匣子一開，第一句話就說：「福哥，您教的方法，改變了我們公司的文化！」

頂峰層級簡報課程

陳副總的公司在相關專業領域中，世界排名第一。公司對成長的企圖心，也展現在對主管的教育訓練中。當初我因為時程安排的關係，第一時間沒有答應他們公司的訓練邀約。沒想到幾天之後，竟然接到我學校時的老師來信，要我重新考量一下這門課程的邀約。原來對方被我婉拒後還是沒放棄，輾轉找到這一層關係，真的讓我印象非常深刻。後來我才知道，該公司的訓練層級也與一般公司不同，上課的學員不是基層或中階主管，而是負責公司營運的最高階主管，由總經理本人，帶領一級主管——包含副總經理、處長等資深主管，進行高階的專業簡報技巧訓練。這可不是做個樣子而已，總經理全程參與，連一刻都未曾稍離。總經理還帶了祕書一同前來，任務就是把來電記錄一下，等下課時間再交給總經理處理，這樣才不會打擾總經理及主管們上課的專注力。當時全體高階主管全神投入在課程中的畫面，我到現在都還記憶猶新。

跟陳副總便是在這個訓練課程中認識的，位居副總的他上課非常用心，記了滿滿的筆記。課程結束後不到一個月，他就用上了新學習的簡報技巧，包含強調重點的大字流投影片，以及讓聽眾更身歷其境的圖像化投影片，在中國大陸舉辦的專業研討會中獲得極佳的反應。有許多國際大廠的代表，都在演講後跟他交換名片，希望有進一步合作的機會。這件事情，我先前已經聽他分享過。

上行下效的企業文化

接著，陳副總又笑咪咪地跟我說：「再跟老師分享一個好消息——我們總經理前陣子的簡報，也讓大家驚訝到下巴都掉下來了……」這是怎麼一回事呢？我好奇地問。

原來是每半年公司會有一次全球主管會議，透過視訊會議的形式舉行。這一次總經理親自動手，把簡報調整成他想要的樣子。在看完簡報之後，韓國區的主管還特別私訊陳副總詢問：「這真的是總經理自己做的嗎？太厲害了！」副總在說這件事時，又更開心地笑了。

「可是，這樣不會太花時間嗎？」我忍不住回問。畢竟這些高階主管的時間寶貴，任務又繁雜，自己動手調整簡報，應該不合乎成本效益吧！只要找個部屬，交辦好這個任務，就有人處理了，為什麼需要自己動手做呢？

這時陳副總反而帶著笑意問我：「如果連總經理都可以把簡報做得這麼好，你想下面的主管心裡會怎麼想呢？對主管下面帶的人又有什麼影響？」聽了陳副總點開這一層，我才從另一個角度看這件事。不論是由最高主管開始的課程學習，還是由總經理和副總經理親自動手製作簡報，這個公司總是由上而下，引領企業文化的改變，並非由下而上，只是學習表面的技術。當一間公司的最高主管，都可以帶頭學習並將簡報做好，對一般主管來說，已是不言可喻的政策宣誓了。建立起這樣的文化後，公司的上萬員工才能夠一起轉變，一起成長！

看起來，這間公司能夠站上世界第一，不是沒有原因，確實令人佩服。

憲哥講評

改變公司文化，從來就不是件簡單的事，重要關鍵便是：在上位者。

每每訓練課程結束，基層主管都會說：「我主管應該來上課。」中階主管也會說：「老闆應該來上課。」而真正能改變公司任何一種現行文化的課程，老闆一定要親自參與，然後無分位階，戮力實踐。

課程不用多，對的、好的、有用的，真正落實徹底執行，這樣就夠了。

9 公司優勢與投影片都只是參考資料

如何讓對方明白不能沒有你？

這是一間知名的國際會計師事務所，在五星級飯店舉辦兩小時講座。到了接近尾聲的Q&A時間，台下的會計師們紛紛舉手發言，提出各種關於上台的問題。我看到左後方有位年輕的主管手舉得很高，於是請她提問。她拿起麥克風，說出問題：「如何在簡報中，讓客戶明瞭我們專業服務的價值，而選擇我們的服務呢？」

在聆聽問題時，我幾乎可以想像她身為一位專業人士，面對市場激烈的競爭，站在客戶辦公室中提案簡報的樣子。在這樣的過程中，努力凸顯公司的優勢，讓客戶最後做出選擇，進而成為公司長期的合作夥伴。「您平常的簡報，都是這麼做的嗎？」在回覆問題之前，我想先確認一下。

她回答：「是這樣沒錯，因為我們的服務涉及很多專業，有的時候不容易在一開始就說得很清楚……」我知道她心裡想問的是，有什麼更好的方法，或更好的投影片作法，能完美呈現公司的優勢，達到高效率地說明，以便順利拿到案子。曾經從事業務工作許多年，我完全能理解在提案簡報時，簡報者的心情。

為生命安全換輪胎

聽完她的說明，我想若是直接回答，也許大家不一定能了解我的想法。「在回答問題前，我想先分享一個故事。」我提到自己曾經遇到的一個狀況。有一次我開車回維修廠保養，維修技師跟我說：「車胎排水痕磨得太淺，需要換胎了！現在有一款很棒的新輪胎，品質又好，價格又實在。」我問大家：「如果是您，會不會因此換輪胎？」大家都搖搖頭說：「應該不會吧。」「沒錯！我也沒換。」因為每個維修人員都會這麼說，我當然只是當作參考，不會馬上行動。這應該是很常見的顧客反應。

離開維修廠沒多久，突然下起大雨，道路上有些地方排水不及，開始積水，車子也是停停走走。才剛通過一個紅綠燈，前面的車子突然緊急煞車，我也馬上跟著急踩煞車。這時忽然感覺車身滑了一下，似乎有一點打滑。還好車速不快，總算及時煞住。故事講完後我問台下：「您猜我下一件事要做什麼？」有同仁開玩笑地回答：「打電話給警察？」我也笑著回說：「及時煞住，還不用打給警察！」剛剛發問的主管馬上回應：「應該是回維修廠換輪胎吧？」我看著她，微笑地點點頭，肯定了她的答案。

讓客戶知道，少了你，問題多多

沒錯！大部分的銷售或提案簡報，只會不斷強調好處、特點、效益，但是客戶並不會因為這樣而做出決定。唯有讓客戶體會到問題所在，他才會有解決問題的需求與急迫性。問題越大，解決方案越有價值！「所以，您有沒有想過，如果客戶沒有跟您們合作，可能會遇到什麼問題呢？」我反問台下。

身為國際會計師事務所，同仁們的專業當然無庸置疑，很快就整理出許多如果沒有找該國際級的事務所合作，可能會遇到的諸多困擾，例如：不同國家分公司的會計準則可能不一致、跨國資源無法整合、服務的深度及廣度不足……，洋洋灑灑列出許多狀況。我接著問：「如果您的客戶遇到這些問題，會付出什麼代價呢？」大家都理所當然地回應我：

「輕則罰款，重則影響公司商譽，甚至在股票市場的評價。」

「那麼您有讓客戶認知到這些問題，以及面對這些問題要付出的代價嗎？」我看著大家，慢慢地說出口。

台下露出一副受到衝擊的表情，我繼續說：「客戶不會因為你賣的輪胎有多好，而決定換輪胎，但是客戶會因為新輪胎能解決他的問題，而做出購買的決定！」在客戶沒有認知到問題時，再多的優點、再精美的投影片，最終也只是當作參考資料而已。唯有當你能讓客戶體認到：沒有你，會遇到什麼問題；有你之後，將省去付出什麼代價、得到什麼好處，那麼接下來的簡報，才會變得有意義。

專業只是一種必要條件，能幫助客戶預知問題、解決問題，才是它真正的價值所在。

憲哥講評

我跟福哥的共通點，除了很會上課，我們都做過業務，而且是受過真槍實彈考驗的第一線業務。這個磨練不僅讓我們攻城掠地，也讓我們受盡風霜，但最終都助我們一臂之力，登上更大的舞台，並讓我們更善於舉例、說故事、引用親身經驗，而這些都是簡報的閉門心法。

正因為業務工作的磨練，並培養出上述能力，幫助我們在面對強力挑戰時，能夠游刃有餘地巧妙應答。

10 散播光明與力量到每個角落

說故事的英雄們

在台灣，有一群人長期默默地投入家暴防治、兒童保護的工作，每年政府會選出表現最優秀的十幾位菁英，授與紫絲帶獎項，可以說是台灣保護服務工作的最高榮譽！他們之中有的是醫師，有的是檢查官、警察，也有很多充滿愛心的非營利組織成員以及社會善心人士。這些人幫家暴受害者找到庇護，為他們伸張正義；幫受虐兒童圍起防護，讓他們脫離恐懼；也幫所有性別暴力的受害者，重新找回生命的光亮。

這樣的工作，經常需要帶著很大的勇氣去執行，因為面對的可能是家暴的惡人、喪心病狂的虐童者或者性侵嫌犯。我知道有人曾在匆忙的狀態下，幫助婦女逃離家暴處所，或是發現兒童受虐的證據，進行後續的安置工作。這些紫絲帶獎的得主是每天水裡來火裡去，無所懼怕！

但是對於一場十分鐘的演講，這些得獎者看起來反而有點怕怕的！「上台比抓壞人更可怕！」這是某位紫絲帶獎得主告訴我的話。

擬出十分鐘的簡報架構

相關單位為了讓得獎者有機會跟更多人敘述他們的經驗，特別安排了一場活動，請所有的得獎者上台演講，並全程錄影，之後將公布在網路上。因此在演講前幾週，安排一個上台訓練的課程，幫助得獎者能有更好的表現。我看到這些平日保護別人的英雄，似乎不是很習慣跟大家訴說自己的故事。有些夥伴上台時，很嚴肅地談著保護工作的重要性與使命，內容雖然很好，但是感覺像在上課，無法吸引人仔細聆聽。另外也有得獎者談起親身經歷與想法，想到什麼就說什麼，雖然有故事性，但是有點雜亂，讓人抓不著頭緒。「講道理時太生硬，講故事太發散」，這大概是我在台下觀察得出的結論。

等到教練時間，我請夥伴做一個簡報構思的練習。刻意挑大家熟悉的「性別暴力防護」，進行十分鐘的簡報構思。台下的得獎者每天接觸相關議題，很快就歸納出「何謂性別暴力」、「現有問題」、「如何防護」、「求助資源」等四大重點。每個重點也都再整理出一些細項。果然不愧是全國選出來的菁英。

先說故事，才講道理

我看著大家問說：「如果十分鐘上台講這些？大家覺得如何？」一位專門負責兒少防護的醫師回答：「這樣雖然架構完整，但是好生硬！」我點點頭，看著台下再問：「如果我們先不講道理，有沒有什麼案例或真實事件，跟上面這些重點有關的？」馬上有一位女警官回應：「我最近才介入一個家暴案件，幫助一位婦女脫離家暴，並讓她跟小孩得到安置。」接下來，隨著警官的描述，我們除了聽到一個真實的案例，也更清楚許多在防護上應該注意的流程及資源。

「很少人喜歡聽道理，但是每個人都喜歡聽故事。」我看著大家說：「如果我們用故事來輔助我們想說的道理，這樣是不是能兩者兼具呢？」就像練習時所做的，先把要傳達的重點，整理出架構來。然後再依照這些重點，找出相對應的故事或案例。透過對人事物的描述，吸引人聆聽，留下深刻印象，而將重點有效傳達出去。如果想要強調某些概念或道理，也可以在故事說完後，做一些重點式的摘要，這樣不僅能好好鋪陳，也不會打亂架構。

看著每一位保護婦女及兒少的英雄們，我相信大家每天助人的工作，就是一段又一段感人的故事。很多故事讓人心疼，得獎者的付出令人由衷敬佩。「因為真的做了很多事，才能如此感動人心。」

相信每一位紫絲帶得獎者的演講，能將光明與力量傳達到社會上的每一個角落，帶來改變，帶來希望！

憲哥講評

故事為王，開頭不說道理，用故事引出道理，無疑的，故事是破題的最佳方案。

11 想、說、動，call to action

感動現場，發出行動指示

你聽了一場成功的演講或簡報，被講者的故事深深打動，甚至流下感動的淚水，在結束的那一刻，你拍紅了雙手叫好，心想：「這真是一場精彩的演講啊！」但是曲終人散後，除了感動之外，具體留下了什麼？

精彩、感動，然後呢？

「精彩之外，你希望台下聽眾做什麼？」這是朱為民醫師登上 TED×Taipei 之前，我們討論過的問題。每一次 TED×Taipei 年會，會從數百位主動報名的素人講者之中，挑選四至五位正式登場。能像林懷民、柯文哲一樣登上 TED×Taipei 的大舞台，表示所傳達的想法或理念，將在短時間內被數十萬，甚至百萬以上的朋友看見。除了覺得精彩之外，你還希望聽眾在聽講之後做些什麼，或是有怎樣的改變？這件事情稱為「call to action」，是整場演講的重要關鍵！

一開始時，朱醫師只有一個簡單的想法，身為安寧病房專科醫師，陪伴超過五百位病人平靜地走完生命最後一程，但是當自己的家人也遇到類似的緊急醫療決策時，例如，是不是要插管？要不要積極搶救？他也像一般家屬一樣面臨痛苦，不知如何是好。因為曾與家人走過這一遭，他深刻體認到預立醫療決定的意義，即在我們健康的時候，決定自己在特定病況下，將接受醫療措施到什麼程度，是否由醫師積極搶救，還是授權醫師讓自己平和善終。「病人自主權利法」已在二〇一五年通過，但真正知道並理解的民眾仍屬少數，因此朱醫師希望有機會登上更大的舞台，讓更多人認識「預立醫療決定」這個觀念。

如何喚起行動？

在憲哥的「說出影響力」課程中，我第一次聽到朱醫師的故事，感動不已。到了「專業簡報力」課程時，朱醫師的投影片真實呈現了急診室的畫面與聲音，台下聽眾彷彿親臨現場，十分震撼。經過多次的練習，朱醫師已掌握表達的關鍵，而且台風穩健，總能在演講後讓大家哭紅了雙眼，也拍紅了雙掌。然而，除了精彩之外，似乎還少了些什麼？

「故事很感人，觀念的傳達也很到位，然後呢？」我問朱醫師。他看著我說：「希望大家聽完演講，知道如何預立醫療決定。」我接著問：「然後呢？您希望聽眾在演講結束後，能改變什麼、做些什麼呢？」他回答說：「希望每一個聽過演講的人，都能去醫院找醫師進一步評估，與家人或為自己填寫相關文件。」我點了點頭，這不僅僅是觀念，還必須採取行動，因此接下來的重點就在於：「有沒有教大家怎麼做？」

指示具體的行動

當聽眾被感動、說服之後，講者應該明確告訴大家，接下來該怎麼做，要完成什麼改變。唯有具體提出下一步的行動指示，才能強化演講的效果，而不是讓觀眾內心充滿感動，卻沒有任何行動。對於一場精彩的演講來說，那樣實在太可惜了！

後來的發展是：經過幾位素人講者的競爭，朱醫師成為少數獲邀站上TED×Taipei舞台的講者之一。演講當然一如預期地精彩，在演講的最後，他提出「想、說、動」三階段的建議，希望聽眾先想一想醫療自主這件事，然後跟家人說明討論，接著採取行動——不管是自行下載並簽署意願書，或是向醫師進一步諮詢。

看著身材高大頎然的朱醫師，筆直地站在舞台上，聽著他用磁性的聲音溫和地訴說一段「生命、愛、家人」的故事。「請幫我拔管，因為，我愛你」，不忍心家人為自己受苦，也為自己爭取生命尊嚴，這是多麼深刻愛的牽繫。身為安寧照護專科醫師，朱醫師分享他的專業與體悟，藉由「想、說、動」三項行動指示，幫助更多人做出更有愛的決定！

憲哥講評

「破題如剪刀，結尾如棒槌」，破題精準精彩，結尾緊扣行動，朱醫師完成最佳詮釋。

12 上台說話的素材從哪來？

豐富的生活體驗是寶庫

記得有一次接受雜誌採訪時，記者問我：「怎樣的故事才能感動人？這跟上台的訓練有關嗎？」我不假思索地回覆他：「先感動自己，才能感動別人！」動人的故事，並不是透過上台的訓練，而是要增加生活歷練。看著記者想進一步追問的神情，我跟他分享一個故事，告訴他引人入勝的素材從何而來。

這幾年我幾乎每年都會去花蓮上課或演講，除了因為花蓮的好山好水之外，同時也希望提供花蓮的朋友們更多的演講學習資源。幾年下來，每次上課或演講，我都會更新案例故事，或提出不同的想法，避免重複老哏。當然，故事必須結合該場的主題，例如最近一場談的是「夢想、勇氣與實踐」。

要用什麼故事當作輔助呢？在演講前幾天，我一直反覆思考這個問題。

鍥而不捨，完成嚮往多年的探險之旅

回想起多年前，我一個人開車經過蘇花公路，途中在清水斷崖休息，看著斷崖從兩千多公尺的山上，直切入無邊無際的太平洋，懾人心魄。我就站在蘇花公路邊，讚嘆大自然的每一筆鬼斧神工，突然瞥見下面的小沙灘上有若干小點，再仔細一看，是幾個人在曬太陽。我非常納悶，這是斷崖邊，根本沒有路可以下去，這些人是怎麼到沙灘的？我在附近查看了一下，沒有找到路徑，心裡暗暗下了決定，改天要找到下去「神祕海灘」的路。

兩年後我再回到花蓮，剛好跟憲哥和幾位友人一起重遊崇德海灘與清水斷崖。我邀請他們跟我一起去探險，看看能不能找到下去斷崖海灘的路。我們沿著一條小山徑，穿過枝葉密布的樹林，來到一條鐵軌旁。隱約聽到海浪拍擊沙灘的聲音，表示斷崖下的海灘應該不遠了。但是，往前看去，已經沒路可走了。前面是一座火車鐵橋，不能跨越，能走的道路來到終點，環顧四周都找不到新的出路，看來又卡住了。這時同行的夥伴也已被太陽曬得受不了，喊著要回去。於是，路徑探險只好喊停。

又過了一年，我再次前往花蓮演講，並且特別提早一天抵達，就是為了要尋訪心目中的神祕海灘。我走到上次來過的地方，海灘雖然已經很接近了，卻還是找不到路。

這時我看到鐵軌邊有一個「禁止跨越」的老舊標示牌，而牌子後面的樹林似乎有一個小凹洞，像是曾經有人走過留下的痕跡。「該不會是從這裡進去吧？」雖然四處無人，可是「禁止跨越」的標示還是發揮警示作用。不確定後面有沒有路，但這次要是再找不到，我一定很不甘心！因此再三確認安全無虞，沒有火車通過之後，我吸了一口氣，小心地跨越鐵軌（小朋友不要學！），走到鐵軌對面的樹林中！

走過去才發現，樹林中有一個小山坡，還有一條人走出來的小徑，途中有幾處坡度很陡，必須手腳並用。就這樣一路攀爬往下，直到眼前出現一片小礫石海灘，旁邊還有幾個兩三層樓高的巨石，後方是高聳入雲的斷崖山脈，而眼前就是寬闊的太平洋。我終於來到嚮往已久斷崖邊的神祕海灘！

舊瓶裝新酒，新酒濃醇香

那一次我在演講中分享了這個故事，配合這幾年拍下的照片，從一開始由上往下望，到第二次卡在無路可進的小山徑上，到第三次抱著一定要下到海灘的決心，跨越禁止標誌，終於如願到達神祕海灘。從第一眼看到這個海灘，到最後找到通往海灘的路，中間歷經四年的時間。

演講時，我問台下觀眾：「你心目中有沒有一個屬於自己的神祕海灘？你是否曾想盡辦法，要找到一條前往的道路？」這個海灘，有可能是你的夢想，有可能是你預定達成的目標，也可能是任何你想做的事。「找不到路會不會讓你放棄？」「是否因為同伴的回頭而氣餒？」「一個『禁止跨越』的標誌會讓你放棄嗎？」我以這幾個問題，搭配一段親身經歷，傳達關於「夢想、勇氣與實踐」的想法。演講結束後，我得到不少現場觀眾的回饋，認為這個關於斷崖沙灘的小故事讓他們倍感親切，並從中得到啟發。

精彩的人生經驗，豐富上台的表現

回到一開始說的：「先感動自己，才能感動別人。」我還記得一個人走在斷崖沙灘上，望著太平洋的感覺，很滿足、很平靜，內心灌滿完成夢想的充實感。我雖然不是為了演講而做這件事，但這件事豐富了我的生命，並有機會與更多人分享我對夢想的追求。即使是這樣微不足道的小事，也能在某些關鍵時刻，激發出追求夢想的勇氣。

擁有精彩的人生，才會有更精彩的上台表現。重點不是上台的訓練，而是不斷增加生活歷練。讓我們一起創造更多的好故事吧！

憲哥講評

演講的素材均來自於生活，唯有心靈豐富的人，才能說出精彩演講。上台演講除了學習精湛技術，更要能好好過生活。你豐富，聽眾自然豐富！

13 一千八百場的磨練
激發學習意願，成為對的講師

天剛亮，鬧鐘響起，襯衫領帶上陣，坐上司機的車，開始我忙碌的一天。可以預料回家時襯衫一定因汗水而濕，卻無法預料這一天將遇到怎麼樣的學員。

十二年的講台磨練

上了車之後，先看一下報紙，或許可以為今天訓練的開場找到更適合的切入點。隨後一面收聽廣播，一面吃早餐，我常說：「今天在訓練領域若有什麼成就，司機的功勞很大。」我的食與行都交給他，讓我放心無比。

抵達上課教室前十分鐘，打開電腦，再瀏覽一次課程的投影片，然後與提早到達教室的助理，進行最後一次電話確認，掌握現場最新動態，包括學員抵達狀況、燈光、投影、音源、座位安排、教具與場地大小，每一堂企業課程都是全力以赴。

這就是我的企業講師人生，如此持續了十二年。

流程看似重複，但總有許多意料之外，尤其是學員。

「一堂好課程要符合三大條件：學員對、主題對、老師對，缺一不可。」對於企業內訓而言，學員是否為目標族群是課程成功與否的關鍵。

或許你會說，憲哥不會說自己是不對的講師。話雖如此，回想從事講師工作的初期，我也不敢保證每件事情都做對了。

當初因為與管顧公司簽下專任約，管顧希望先消化簽約講師的保障時數，以致早期我會接到一些非我專長的課程。儘管很認真備課，畢竟沒有實務經歷，講起來總有隔靴搔癢之感，只要學員提出尖銳問題，就很容易被打槍。

所以授課之前，管顧與講師或企業間的對焦就是非常基本且重要的事。

誰是對的學員？

企業內訓課堂的常態是，學員心不甘情不願來上課，抱著「老闆要我來我就來」的態度，一直看手機，進出教室接電話，維持雙手抱胸的姿勢，故意搗亂或挑釁，心不在焉，假裝配合，為了湊學分與時數，簽到以後就落跑……，這類現象屢見不鮮。

難道沒有真正想學習的學員？

有的，當然有，老實說那算是少數。

究竟一場成功的企業內訓必須具備哪些條件呢？列舉以下七點，供講師與企業主參考：

1高階主管全程參加：我認為這是最重要的指標，如果高階主管無法全程參與，至少開場與結束時出現，聊備一格。

2學員大多是新晉升的主管：這類學員的學習意願與鬥志通常都很高，講師教起來如魚得水，教與學都能達到最佳效果。

3人力資源部門課前發出作業或課程宣傳：課前有實質或心理準備的學員進入教室，很容易進入狀況。

4上課教室不在辦公大樓內：減少所有不利課程的干擾因素。

5課程與績效考評結合：這是理想狀況，越接近理想，效果越好。

6講師口碑於公司內部廣為流傳：這是講師在企業內訓追求的最高境界。

7 Why me and Why important：為何是這位講師來教？他在產業內的經驗、授課歷練如何，這都會影響學員的上課意願。還有，為何這堂課很重要？講師若在上課的前三十分鐘沒有處理好這兩個問題，課程失敗的機率偏高。

對的講師該如何做？

無論是內部或外部講師，若想成功授課一定要做到以下三件事：

第一，站在學員立場思考，這個課程對他有何好處？

第二，為何是我來教，而不是別人？

第三，課程結束後，學員可以帶回去立即運用的技巧或能力是什麼？

這三件事看似簡單，要真正做到位並不容易，因為大多數人「好為人師」、「自以為教的東西，對所有人都有用」。一旦這兩種毛病上身，恐怕就難逃「爛課」的後果。

激發學習意願永遠是上策，尤其對成人學員而言更是如此。

學生時期有考試與畢業的枷鎖，即使是不喜歡的課程，也得盡力拚過去。相較之下企業訓練的課程沒有強制性，必須「有用、有料、有哏」才能引發學習動機。對於新手講師而言，進入門檻相當高。

企業講師的「兩業」

企業講師到底能不能培養呢？

先決條件是擁有「兩業」：產業與專業。如果這兩業的條件都很好，我認為授課技巧是相對容易培養的。

無論是何種主題的課程，企業學員心中永遠存在一個有待講師解答的問題：「我為何要聽你說？」只要能順利解開此魔咒，我相信有志進入企業內訓領域的講師，都能找到自己的一片天。

在此分享我一千八百場企業內訓中，印象最深刻的一場。

二〇〇六年十一月，我剛進入企業講師這一行的第五個月，才在大陸受傷痊癒後不久，我從中壢開車到松山機場，隨後飛抵花蓮機場，學員開車來接我，兩小時後抵達花蓮台東交界的溫泉飯店。下午一點半開始上課，擁擠的教室中瀰漫著濃重的菸味與檳榔味。每位學員的桌上都擺著一個塑膠免洗杯，是吐檳榔渣用的。我忘了當天怎麼上完課的，當時只有一個念頭：「不想再來了。」

每場課程都是一次自我檢視與挑戰，我很慶幸一開始就有機會接受淬鍊。

福哥講評

「每個老師，都想教到好學生；每個學生，都想遇到好老師」，但是這個願望不見得經常能實現。上課如此，上台簡報或演講也是如此。當一場課程或簡報不符合期待時，到底是老師或講者的問題，還是學員或聽眾的問題？或者兩者都有問題？甚至都沒問題，而是主題安排不當？

這其實是追溯不完的。身為老師或講者，你只能掌握自己能掌握的，不論遇到什麼問題，都要處理到沒有問題！如此才能夠持續不斷地成長。

第二章

千萬講師傳授你巧妙心法

14 丟開草稿，拿回說話主導權

忘掉文字，記住畫面

在企業訓練課程現場，一整天的簡報演練，每個人要輪流上台報告七分鐘。這對於不習慣上台的學員，一定倍感壓力！我注意到小恬——公司裡優秀的超級業務員，手裡拿著待會要報告的投影片紙稿，嘴巴唸唸有詞，似乎在背誦什麼。從其他同事的口中，知道她非常重視今天報告的練習，尤其她放棄了原本要參加的部門旅遊，特別來上這一次公司的訓練課程。小恬工作非常認真，什麼事情都做好萬全準備，所以大家看好她這次也會有傑出的表現。

等到她上台，一開口就說：「今天我要向各位報告客戶關係管理CRM，其精髓即是針對客戶消費行為進行記錄，以做為差別化對待之根據……」，雖然每一句話都講得很精準，但聽起來覺得卡卡的、不順暢，感覺像在唸稿子。她有時還會停下來，眼睛望著天花板，似乎在回想些什麼，然後再繼續往下講。

不要記得每一句話，要記得每一個畫面！

經過兩分鐘之後，我喊了一個暫停。這樣的表現真的不行，我想她一定是在背稿子，只是不曉得她的稿子在哪裡。於是我請她把座位上的投影片紙本拿給我看，果不其然在投影片畫面下面，有密密麻麻的文字，我看到了完全相同的字句「……其精髓即是針對客戶消費行為……。」看著台上小恬漲紅的臉，一副有點沮喪又不好意思的樣子。

我問她發生了什麼事，她回答：「我花了很多時間準備，甚至把每一句話都精準地寫下來。」確實，從她剛才的表現就可以看出，她真的忠實呈現了紙稿上的每一句話。她接著說：「可是一上台後，可能是壓力上來，原本背好的稿子就記不住了！」她越講越沮喪，眼中似乎有淚水在打轉。

我請她先回座休息，緩和一下，然後要她忘記原本背好的稿子。這時，她有點驚訝地看著我，露出不可置信表情。我說：「不要記得每一句話，要記得每一個畫面！」這才是簡報準備時，真正要記住的東西。因為當你想要強記稿子，就會說出「……其精髓即是差別化對待之根據……」，這比較像是文字稿，而非口語的說明。如果你記的是簡報說明的每一個畫面，或是過程中每一個轉折的場景，你自然會用比較口語的方式，串起畫面與畫面之間的連結。

知劍意而非劍招

「只要記得畫面就好了嗎？這樣會不會忘詞？」小恬還是有點擔心地問我。我笑著說：「聽眾的手上又沒有你的文字稿，沒有詞，怎麼會有所謂的忘詞呢？」我接著問她：「你看過金庸的《倚天屠龍記》嗎？」小恬點點頭，說她以前最愛看金庸的武俠小說了。我說：「還記得張三豐教張無忌太極劍的場景嗎？也是要他看完招式後，把所有招式忘記，才上場比賽啊！」只要在腦海中把每個畫面串起來，自然而流暢地說出來，上台時就會有好表現。

下課時間，我看到小恬站在一個同事面前演練，手邊已經沒有剛才背稿用的投影片紙本，靠的是腦中記得的畫面。等到正式上台，小恬深吸一口氣，有種豁出去的感覺，雖然一開始還是有點緊張，但是越來越順，也越來越放得開，明顯看得出來她已經把內容吸收，內化成自己的東西，再用嘴巴說出來了！在演練結束後，也贏得滿堂喝彩！

「真的有效吔！只要記得每一個畫面，自然會說出每個字！」小恬開心地告訴我。話說完，馬上擺出一個太極拳「單鞭下勢」，原來她也是個練家子啊！

憲哥講評

「沒有經驗，就要有稿子；沒有稿子，就要有經驗。」然而我確實常看見政府官員發表重要演講時，都是照著稿子念，讓我了解到，他們對於所做的事、所說的話，幾乎是沒什麼經驗的。

背稿，是簡報、演講，甚至教學的最大罩門，這行為對於你上台說話的 why me，無疑是最大的漏餡。

「台下記稿子，台上記畫面」，是邁向傑出講者的第一項修練。

15 直球對決，保住大客戶

先說重點，再說細節

全球知名的筆電大廠X公司，在不久前發生一個重大問題，因為關鍵零組件的缺失，許多筆電必須進行召回及維修。身為關鍵零組件供應商的業務經理，Danny最近每天過著到處打火的生活！除了必須追蹤發生問題的核心原因，更因為其他筆電大廠也經常來電關心，要他前往解釋這次的零組件問題會不會造成後續影響，或者詢問他們已經採用類似零件的筆電，需不需要也進行召回等等。類似的問題每天讓Danny應接不暇！

Danny仔細分析過原因：這次出現問題的零組件，是為了X公司特殊機種所訂製的零組件，因為採用特殊的製程及生產線，才會出現品管上的問題。但唯一值得高興的是，就因為這個零件是特殊訂製，所以出貨給其他公司的類似零組件，完全不會受到影響，因為產線跟製程完全都不同。就在這個重要時刻，Danny的公司請我去跟所有業務同仁，討論接下來對其他筆電大廠的簡報策略。

危機處理的簡報，該從何處著手？

我們在一面空白的牆上，寫下「X筆電問題說明及召回報告」這個主題，對象是其他的筆電大廠。我問：「大家覺得一開始應該怎麼說呢？」眼光投向台下的業務同仁們。業務 Mark 很快地接話：「這個我們前幾天剛報告過，我有經驗！」大家轉過頭看向他，「我們先詳述一下這次的召回事件，以及目前最新的處理進度。然後提供專業解說，這顆關鍵零組件的內部結構以及生產方式，最後再跟客戶解釋因為這是特別訂製，所以與我們先前出貨給他們的零件不同，不會對他們產生影響……。」因為才報告完不久，Mark 對內容的印象依然十分深刻！

看著大家的表情，似乎所有的業務同仁也都接受這樣的說法。接著我拋出另一個問題：「請問大家，其他筆電大廠請我們去說明，是因為他們非常關心這次的召回事件嗎？」

「他們才不關心呢！他們反而有點開心。」Danny 說，因為各大廠之間存在著激烈的市場競爭關係。X公司筆電召回，表示其他廠商的筆電可望銷量上升。「他們最關心的是他們現在用的零件會不會有問題！」其他的，也不過只是了解一下狀況，更新進度而已。

果然是個有經驗的業務主管，答案直指問題核心。我又問：「既然大家都知道客戶最關心的是自己，為什麼不一開始就直球對決？先讓客戶知道，這次的問題不會影響到他們。」我直白的建議，反而讓大家有點嚇一跳。

傳統的報告方式總是如此，先詳細解釋一下事情的狀況，再做一個專業的技術說明，最後才推導到結論——「因此本次的零組件問題，不會影響到貴客戶。」然而這樣的報告方式，其實非常考驗聽眾的耐心，因為最後一句「不會有影響」才是整個報告的重點內容，也是客戶最關心的，結果一直要等聽完二十分鐘的報告後，才能得到這個結論。最重要的東西，反而放在最後面才說，這不是很奇怪的一件事嗎？最後我又問：「假設你就是那個聽報告的客戶，十分鐘後還沒聽到這個重點，你會有什麼反應？」

結果大家都笑了。「我會受不了，請他快一點說重點！」Danny笑著說。

先說重點，再說明細節

有了這個認知，我們修正出新版本的簡報。在一開始就提到：「今天的報告，除了跟大家說明這次X筆電的召回事件，更大的重點是要讓貴客戶放心——因為製程跟產線的不同，所以我們出給貴公司的零組件，不會受到任何的影響！請貴公司安心！」在一開始就直球對決，先說出重點後，再回到原本設定的內容，交代這次召回事件的始末以及處理的細節。

幾天之後，Danny特別傳了一則簡訊——「我成功了！幾個大客戶都保住了！」訊息後面接著一個大大的笑臉！仔細的思考後，有勇氣投出直球，當然有機會得到更大的收穫啊！我也替他覺得開心！

憲哥講評

因應現代社會快速與講求效率的特徵，所以商務簡報均需切中要點，先說重點、掌握開場訣竅，三十秒內吸睛，破題精彩，成為簡報決勝的第一步，先說重點，才是最佳方案。

16 五感幫你找到切入點

切身相關，重點所在

有聽過「皮蛇」嗎？它的醫學名詞叫「帶狀疱疹」，是由水痘病毒所引起。只要曾經長過水痘，就有機會得到帶狀疱疹。因為水痘痊癒後，病毒並沒有消失，而是潛藏在患者的神經節中，一待可能就是數十年，直到有一天身體的免疫力降低，也許是太累或者過於疲勞，病毒就會伺機活化，造成皮膚急性發炎。除了長出一顆一顆的水泡外，還會伴隨明顯的神經痛。那種痛很難形容，就像有人用針刺你的皮膚，又熱又痛，持續兩到三週，等到身體免疫機制把病毒控制住後，就會逐漸復原。但是有些人會因此神經受傷，留下長期的神經痛症狀，甚至連穿衣服或風吹過也會痛，是一種讓人非常不舒服的疾病。

為什麼疫苗乏人問津？

我之所認識這種疾病，是因為幾年前曾經因為工作太勞累，造成皮蛇纏身。那次的經驗讓我痛了好幾個星期，甚至因為怕傳染給小朋友，離家自主隔離了十天。因此，當我聽到黃醫師打算向大家介紹「帶狀疱疹疫苗接種」，讓民眾未來能遠離帶狀疱疹的威脅，我的眼睛立刻亮了起來！

「一定有很多人會想接種疫苗吧？」我問黃醫師。

黃醫師搖頭說：「其實沒有！因為帶狀疱疹疫苗二〇一三年才核可上市，知道的人並不多。」

「哦！如果民眾知道了有這樣的疫苗，一定會主動跑去打吧？」我接著問。

黃醫師還是搖頭：「之前曾經做過宣導，但是之後主動來打的人還是不多，大約一個月才一、兩個人吧。」

這個數字實在令我訝異，因為曾經身受帶狀疱疹之苦，如果早知道有疫苗可以讓我免除這種痛苦，我一定第一時間就跑去接種。沒想到黃醫師反應說，一個月才一、兩個人主動接種，這樣的數字實在很低。

切膚之痛，引發行動力

「會不會是宣導說明的方式有問題？」我繼續追問。

黃醫師回答：「應該不會，我說明得很清楚，內容包含帶狀疱疹的起因、症狀、治療方式，以及最新疫苗接種。」黃醫師果然是專業人士，非常有系統地描述了整個衛教講座的內容。然而，就在聽完黃醫師的描述之後，我發現了問題的癥結。

「你可以考慮一開始先強調問題的嚴重性。」我告訴黃醫師。因為專業醫師以及曾經得過帶狀疱疹的患者，都十分清楚這個疾病帶來的痛楚，但是疫苗的目標對象，是那些還沒得過病的民眾。他們不見得能夠想像什麼是「神經痛」的感覺，怎樣是「連睡覺都會痛」的狀況。只要感覺不到帶狀疱疹的嚴重性，即便疫苗再好、再有效，大部分的人也不會有接種的動機。一定要先讓人「感受到問題」，才有可能願意採取行動去解決問題！

聽完我這麼說，黃醫師知道接下來該怎麼做了。就在下一次的衛教簡報中，一開始他先發下一顆顆小圖釘，然後請大家輕輕用圖釘戳一下手，並問他們會不會感覺有點刺痛。接下來，他再請大家想像一下，把圖釘的數量乘上一千倍，並且將這種疼痛的感覺延長到一整個月，同時一邊戳，一邊再用火燒……。看著大家有點驚嚇的表情，黃醫師才緩緩地說：「這種又痛又燒的感覺，就是帶狀疱疹帶來的神經痛……。」

簡報才剛開始，我就聽到旁邊的朋友已經在問：「這個疫苗要去哪裡打啊？」

憲哥講評

簡報教學的歷程中，我發現「化繁為簡」的能力，堪稱最困難且關鍵的一項。當人人都在琢磨投影片與口說能力「化繁為簡」技術的時候，殊不知，若能夠利用看到、聽到、聞到、嚐到、碰觸到的五大感官技巧，簡報已在不知不覺中更上一層樓了。黃醫師做出最佳詮釋。

17 從基本功練起

掌控投影片，別被投影片掌控了

受到葉丙成老師邀請，擔任台大簡報大賽的評審，與葉老師、微軟康容副總裁、udn 李彥甫執行長，還有知名部落客貴婦奈奈同台，眾星雲集，加上十二位決賽同學的卓越表現，讓我的耶誕夜光彩奪目。

投影片到底重不重要？

經過葉老師的密集訓練，同學們的投影片設計，讓我看得目不暇給，驚為天人。在投影片設計的項目，我幾乎給了每一位決賽者五分的滿分，至於現場呈現的方式，才看得出參賽者之間的實力差距。

其中有一位大一的李同學，是我相當看好的參賽者。

在我瀏覽過所有網路上的參賽影片後，對他印象最為深刻，除了經典的動畫設計與幽默口條外，他獨樹一格的表達風格，最讓人津津樂道。我甚至在臉書上分享了感想，還獲得貴婦奈奈的關注。

然而，當天李同學的現場表現不能說不好，除了投影片依然精彩之外，總感覺不如預期。我當下就可以判定，金獎應該不會是他，最後李同學獲得銀獎。我上前給他鼓勵，晚上就收到他傳來表達感謝的短訊。

試想，一位大一資管系同學的投影片動畫製作，會是怎樣的水準呢？依據我的判斷，應該可以贏過九十九點五％的職場工作者，令我驚豔不已。但畢竟他是大一的學生，舞台上的能量掌控與爆發，的確還有進步的空間。

尤其進入主題之前的開場，花了競賽時間七分鐘的兩分半鐘，最後果真成為全場唯一時間截止時，尚未演講完畢的參賽者。光是開場時展現各種精心製作的投影片，而錯失的寶貴時間，估計至少就有一分鐘。

以韓劇來比喻

經典韓劇的外景，在樹林中拍攝男女主角親吻的戲碼，請問第一眼是先看到男女主角？還是美麗的樹林風景？

如果將李同學比喻為男主角，投影片是樹林風景，那麼觀眾都聚焦在美麗的樹林風景上，而忽略了男主角的精彩演技。

李同學就像武藝高超的俠士，但是手持一把超過自己能力範圍的巨大名劍，表現武藝的同時，卻伸展不開，而且綁手綁腳。

這從他頻頻回頭等待動畫節奏，讓投影片掌控他，而非主角掌控投影片等動作上看得出來。當然，這都是以職業級的高標準來審視，大一同學能夠登上武林大賽的擂台，已是箇中翹楚，難能可貴。

再回到值得反覆討論的老問題：到底投影片重不重要？

以上述李同學的例子，我會提出兩點建議：

1 把自己的口說能力，練到跟投影片一樣厲害。
2 自廢投影片功力，從基本功開始做起，包含語調、節奏、走位、眼神、情緒、停頓等。

武林高手都是從基本功磨練起，才有機會進階練上乘的劍術。基本功若不紮實，扛上名劍反而會造成自我傷害。不過，從教練的角度來看，十八歲的青年已經具有手持名劍的能力，千古奇才，可說是英雄出少年。

人劍合一的最高境界，是人掌控了劍，不是讓劍掌控了人。

福哥講評

學習上台說話與習武有異曲同工之妙。沒有學過武功的人，總以為拿著武器就會比較厲害，但是練武一定從基本功（口說能力）開始，等到基本功練紮實了，才會學習使用武器（投影片），最終人劍合一（口語加投影片），威力無窮！

當然，若是武林高手，草木都可以為劍，有沒有投影片，也就不重要了。

18 勇敢，就是最好的表情

膽量由磨練而來

看著 Peggy 站在教室外，眼淚止不住地往下掉，身邊的同學輕拍肩膀安慰她。一時之間，我真不知道該說什麼才好，似乎不管說什麼，都會增加她的壓力，而壓力的主要來源，就是我們的簡報課程！今天是簡報發表日，每個學員要抽籤輪流上台，站在台上進行七分鐘的簡報發表，然後接受同學和教練的回饋。能夠站上這個講台的，都不是等閒之輩，之前幾個梯次，還曾培養出幾位 TED 級的講者。Peggy 似乎被準備上台的強大壓力籠罩住，一開始就悶悶不樂，第一堂課下課後已承受不住，而在樓梯間落淚。

對她而言，這像是一次越級打怪的過程。身為事務所的財會人員，平常的簡報都是中規中矩，不需要什麼變化。只是工作時間一久，她也想讓自己有所成長，特別是希望自己站在台上時，講話能更自在、更自然。帶著這樣的想法，她來到這裡。

Hold 不住的心理壓力

第一天的課程就讓 Peggy 感覺十分吃力，原本以為同學們都像她一樣自覺口才不夠好，然而她看到的是一群來自各個行業的菁英，大家早就習慣高壓及快節奏，讓平常工作步調比較平緩的她，十分吃力地追趕著。課後作業更是讓她吃不消，每個人要準備上台發表的簡報，她以財會稽核為主題交出第一版簡報，卻被講師無情退件，評為「重點不清，內容發散」。這是 Peggy 平時採用的簡報方式，她不知道要如何改進，才能符合講師的要求。雖然其他學員也幫忙提供很多意見，她還是在茫然中摸索。

情緒不斷累積，到正式上台前，無形的壓力逐漸轉變成有形，讓 Peggy 緊張到快喘不過氣。她清楚聽到自己心臟撲通撲通跳動的聲音，她想說話，嘴巴卻張不開。教室中所有人都專注在台上發表者的簡報上，只有她不斷掙扎著。想上台，卻鼓不起勇氣，她害怕自己站上台後，一句話都說不出來。「難道就要這樣放棄？」這個想法不斷出現在腦海中。終於在下課時，壓力讓她的眼淚潰堤。

要不要再努力一下？

同學們和善地拍拍她的肩，安慰她。我告訴她：「不要強迫自己，準備好了再上台。真的不上台也沒關係。」結果，一整天的簡報演練結束，Peggy 還是沒能上台，最終帶著落寞的神情離開。她心裡雖然有點不甘心，但是又能怎麼樣呢？

沒想到在回程的高鐵上，另一位參與課程的學長叫住她，並且提議說：「妳要不要講一次準備的簡報給我聽？」原來學長看到她今天的樣子，想讓她試著在比較沒壓力的狀況下，完成預定的簡報演練。Peggy 深吸了一口氣，打開電腦，真的就在高鐵上向學長簡報。她覺得跟正式上台說話比起來，在高鐵上簡報容易多了，自己也不能理解，「為什麼我一站上台就只聽到自己心跳的聲音，卻說不出話來？」

大量演練，變成習慣

回家之後，Peggy 再三思考：「難道就要這樣放棄？」她想到在高鐵上完成的演練，明明自己是有準備的，只是因為不習慣現場的壓力，所以才會過度緊張。「再給自己一次機會吧？」帶著這樣的心情，Peggy跟我們說下次想上台，給自己再一次嘗試的機會。她用了兩至三個月的時間，進行大量的練習，也找了許多簡報課程的同學及學長姊協助，讓大家聽她簡報，給予回饋並且修正。透過這樣不間斷的練習，Peggy逐漸習慣站在台上說話。雖然還是會很緊張，甚至恐懼，但是一次一次下來，她似乎更習慣聽到自己心臟撲通撲通跳動的聲音，也知道即使緊張，還是能夠熟練地說出想表達的內容。

終於，到了第二次上台的日子。同樣的教室，同樣的場景，同樣要站在台上，並接受教練與同學們的回饋以及建議。Peggy仍然顯得相當緊張，聽著心跳的聲音，她告訴自己：「我已經準備好了，即使我很緊張，但我相信我一定可以做好！」深吸一口氣，站上台，然後開口說話！

看著她在台上的表現，我還來不及寫下第一句回饋，淚水已經開始打轉了。不管內容說得如何，這樣勇敢的樣子，才是站在台上最好的表情啊！

憲哥講評

我有緣目睹 Peggy 挑戰自我的神聖時刻。

適度的緊張，是避免志得意滿的藥方，但是過度的緊張，會讓自己進退失據。不論她緊張的真正原因，所幸挑戰自我成功，值得教練與同班學員一致喝彩。

19 關鍵時刻，別用新手套

熟悉的舊設備vs.陌生的新配備

為了針對知名建商的提案簡報，韋竹真的是卯足了勁全力準備，不僅投影片打掉重練，連簡報用的筆電也換了一台新的。只希望在提案時，能給建商代表留下深刻的印象，進而促成這筆生意，打入未來的重點建案。

韋竹是自動關門器公司的業務經理，公司最引以為傲的設備，是一種擁有多項專利的自動關門器。使用者只需更換幾個門後鉸鍊，就可以讓門在打開後，自動緩慢地輕輕闔上。這個產品在市場上極為罕見，一般都是用地鉸鍊或門弓器，但是這些現有的解決方案不僅耐用性不足，也不夠美觀。韋竹很有信心，只要客戶了解這個產品，一定會喜歡這個創新的解決方案。

不過，也因為產品太新穎，很多建商對它都不夠熟悉，在這種情況下，她的說明簡報就變成建商採用與否的關鍵了。

全新的檔案與設備

為了這次的提案，韋竹特別重新製作了一份簡報。在當天的配置中，檔案是新的、筆電是新的、簡報器也是新的。會議桌上，筆電的背蓋閃閃發光，連個指紋印都沒有。韋竹充滿信心，她告訴自己——「待會一定會有很好的表現」。然後，她連接了筆電與投影機，準備開始她的簡報。

提案開始，韋竹先簡單地自我介紹，接著播放產品簡介的影片。「奇怪，怎麼沒聲音？」之前在電腦上播放都沒有問題啊！為什麼現在聲音卻不見了？伴隨著現場的靜默，她趕快用口語來補充畫面上的說明重點。影片放完後要按下一頁時，她發現新的簡報器似乎不大順手，必須按得用力一點，才能切換到下一頁。「怎麼會這樣？」她雖然心裡這樣想著，但在客戶前面一點也不能顯露慌張的樣子。於是，韋竹努力保持鎮定，就這樣若無其事地完成這次的提案簡報。幸好，最後客戶也非常滿意，打算在新的大樓建案中，採用韋竹公司的自動關門器。

大賽不用新手套

「還好沒有被這台新電腦害死！」帶著一點點埋怨，韋竹跟我分享她這次提案簡報的經驗。

我一方面稱讚她的應對得宜，沒有被設備的突發狀況影響表現，另一方面也笑著對她說：「有聽過『大賽不用新手套』這句話嗎？」她搖搖頭。

「只要是重要比賽，職棒選手都會帶著慣用的手套上場，絕不會選擇沒有用過的新手套！」因為舊手套已用得順手，在比賽的關鍵時刻，不需要花時間去適應，也會讓自己更有信心。如果使用新手套，在面對壓力時，有可能因為不夠熟悉而造成失誤。所以大部分的選手，都會帶著舊手套上場比賽。至於新手套，還是等自己在一般狀況使用一段時間並適應之後，才會在比賽中使用。

韋竹聽了我的說明，點頭表示理解。她看到我桌上那台陪著我征戰數百場簡報的老電腦，似乎更加明白了。

憲哥講評

憲福的簡報與口說課程，廣受好評的原因很多。講評，是其中最重要的一環。用淺顯易懂的語言、深入淺出的比喻，往往能賦予選手一把快速進階的通關鑰匙。

20 急智演講者的極致反應

依據現場狀況，回應最適切內容

到底要怎麼樣才能在台上「隨機應變」，磨練出極佳的臨場反應？以下的故事，可以供大家做為參考。

演講的接力賽

在「改變的勇氣」慈善演講現場，很榮幸邀請台大電機系——葉丙成老師，一起上台。演講的規劃是憲哥先上場，我接第二棒，然後葉老師第三棒，每一個人講二十分鐘，希望演講的內容讓台下參與的夥伴們，在未來面對改變時，能找到方向並凝聚勇氣。葉老師在這幾年推動「翻轉教育」，經常旅行各地，為各個學校的老師們，以演講或上課的方式，傳達創新的教育理念。此外他還帶領團隊，打敗哈佛等名校，奪下首屆全球教學創新大獎。由葉老師來跟大家分享「改變的勇氣」這個主題，再適合不過了！

演講開始前，葉老師先把當天演講的投影片內容複製到我的電腦中，待我一講完，他馬上能接著講，不需要再切換電腦。我打開檔案測試一下，順利開啟，內容大致也如原先預期，是葉老師這幾年在各地推動翻轉教學的歷程，還有他對教學創新的想法與理念，我聽過葉老師多次演講，知道內容精彩可期！

第一棒憲哥上台，跟大家分享為什麼要辦「改變的勇氣」慈善演講，也談到自己這十年講師歷程的點點滴滴。身為開場第一棒，憲哥總是能快速抓住台下的注意力。

第二棒我上台，我分享了自己人生三段轉折的故事。說著故事的同時，我注意到台下每個人都專注地看著我，只有坐在第一排的葉老師，頭也不抬地在筆電上打字，似乎還在修改演講的投影片。「可是他的投影片不是已經完成了嗎？」雖然心裡有些疑惑，但他一定有他的理由，我這麼想著，專心回到演講的內容。

臨機應變，更改演說內容

終於，輪到葉老師上場了，他直接走到講桌旁，換上自己的電腦，然後開口說：「接下來這場演講時，我本來想跟大家分享教育的創新及改變，但是我剛剛聽到憲哥跟福哥講的內容，都是他們的人生經驗，以及如何面對改變……。」他清了一下聲音，接著說：「我想，我也應該順著這個方向，談一下自己的人生經驗跟改變！」聽他這麼說，我著實嚇了一跳，難道是要臨時更換題目嗎？我還一頭霧水時，葉老師說：「接下來，我要跟大家分享，過去曾經影響我人生的三段經驗……。」

葉老師娓娓道來，回憶他在美國求學時，只會讀書卻不知道如何融入社交，甚至在派對上發生啤酒過敏的事，也跟大家分享如何自主解決問題，擁有更成熟的研究精神。他也談到曾經教過的一個學生，如何在挫折中體會人生，發現未來的新道理。每一段故事都極為動人，大家聽得聚精會神，被葉老師故事中的情節牽引著，時而開懷大笑、時而感動沉吟。

掌握關鍵資訊，編輯投影片畫面

葉老師當然是演講高手，生活中的故事隨手拈來，馬上可以變成台上精彩的內容。然而，最令我最驚訝的是，當葉老師講到關鍵畫面時，投影片也配著絕佳的輔助，說到啤酒就秀出啤酒照片，說到路邊的流浪漢馬上就有流浪漢的影像。可是他先前交給我的投影片，完全沒有這些內容！「這些投影片是什麼時候做的啊？」演講一結束，我迫不急待地問葉老師。

葉老師笑著說：「差一點被你跟憲哥害死！你們都談人生經驗，只有我在狀況外，要講這麼嚴肅的教學主題。我只能見機行事，臨場應變囉！」我一臉茫然，不太懂他的意思。他解釋：「剛才我看到憲哥的內容，就開始構思要更改演講主題，等到你上台，我更確定了修改的方向，所以就當場改了。」什麼？這是你剛才準備的，投影片呢？該不會也是剛才完成的吧？葉老師點點頭說：「是啊！就在你上台演講的時候，我急忙找出搭配新主題內容的關鍵畫面，所以要跟你道歉，剛剛我都低著頭改投影片……。」原來葉老師先前是在埋頭大修簡報啊！臨場變招，還秀出完美搭配的投影片，這等功力實在高強！

不斷累積經驗，成就奇蹟

演講結束後，許多夥伴跟我說：「葉老師的演講超級精彩！」能依據現場聽眾的需要與期待，立即調整內容，並輔以精準的投影片畫面，說出更切合主題的內容，在台上完成美好的呈現，葉老師當天的表現令人稱奇，真是神乎其技。

當然，台上沒有奇蹟，只有不斷的經驗累積。我深信，唯有磨練才能成就「臨機應變」。

憲哥講評

葉老師的人生歷練與精彩厚度、親身經驗與點滴故事，都是演講的最佳武器。再強的憲福，至今仍然瞠目結舌，嘆為觀止。一次現場示範，勝過無數道理。

臨機應變之前，需要擁有更多的生命體驗。

21 信不信，很重要！

建立信任感的開場自我介紹

「我不想讓別人知道我是博士……」小周老師誠懇地看著我說：「因為這樣好像有點炫耀，而且在企業內訓時這麼說，似乎也不會加分？」在一次指導簡報演練課程結束後，我跟小周開始了這段對談。

小周是台灣極少數的臨床心理學博士，過去在教學醫院有超過十年的服務經驗，也參與過很多高風險的諮商輔導工作，包括與生命線、監獄、療養院、少年觀護等不同單位，他都有合作經驗。平常工作除了看診與心理諮商外，他也會接受許多不同團體的邀約授課或演講。甚至後來，他在徵詢我和憲哥的意見後，決定轉換工作跑道，全職投入企業培訓領域。將自己心理學的專業，因應企業運營的需求，規劃出一系列如壓力管理、向上溝通、正念減壓，以及結合應用心理學技巧與業務銷售的課程。在開始授課的初期，我們也曾多次見面溝通，討論他在台上授課時遇到的問題。

如何開場很重要

小周說：「我覺得學員好像一開始不是很投入，一副事不關己的樣子。我應該怎麼做才能更快抓住學員的注意力？讓學員相信我講的內容對他們有幫助？」我很清楚小周這幾個問題。站在台上說話時，經常是「台上說得天花亂墜，台下開始昏昏欲睡」，如果沒有一開始就抓住聽眾的注意力，接下來即使內容再精彩，台下也未必能接收到。

「你是怎麼開場教課的呢？」我問小周。

「就單刀直入，開始講述啊！」小周很仔細地跟我描述他的教學內容，以及運用了什麼教學技巧……。還沒有等他講完，我就打斷他的話：「開始上課之前，學員知道你是誰了嗎？」小周帶著疑惑的表情回我：「我向大家介紹了我的名字，然後說我是今天上課的老師。就這樣。」我搖搖頭，跟他說這樣是不夠的。

掌握自我介紹的核心

「自我介紹的核心是建立信任。」我告訴小周，有哪些特點跟課程有關，可以讓學員快速信任講者，建立講者的專業形象與可信度，讓台下覺得他是講授這個主題的最佳人選。這些一開始就必須讓學員充分理解。「也許還可以帶一下你的臨床心理博士學位與授課主題的關聯。」我建議他。

「我不想讓別人知道我是博士，而且，這樣會不會有點炫耀？」小周疑惑地問。我很正面地回答他說：「這就要看你是怎麼表達的。」只要態度調整好，甚至帶點自我調侃，應該可以規劃出一段快速建立信任感的精彩開場介紹。

聽完我的建議之後，小周思索了一段時間，他決定突破自我設限。就在下一次為企業學員講授壓力管理的課程時，他的開場白變成了：「台灣有兩千三百多萬人，其中有五十六個臨床心理學博士，四十九位在學校教書，六位在醫院服務，只有一位在企業授課。那唯一的一個……就是站在各位前面的小周老師！」話一講完，就看到台下學員的眼睛全都亮了起來。接著，他帶著笑容繼續說：「今天就由正牌的臨床心理師來指導大家如何管理壓力，大家覺得好不好啊？」聽到台下學員肯定的回答，小周頓時顯得更有信心了。原來，在一開始有一段建立信任感的自我介紹，會有這麼好的效果！

憲哥講評

建立信任的 why me 開場，在企業內訓極為重要，你要是花三十分鐘說自己多厲害，保證下次就不用來了。

如何在很短的時間內讓聽眾覺得你既專業又有趣，講授的內容非常實用，是職業講師每天的功課。你是誰？為何這很重要？開場只要做好兩件事，授課已經成功了一大半。

22 驚為天人的企業內訓

音樂、節奏、氣勢與時間四大關鍵

我與福哥能夠進一步合作，一切都從近距離接觸開始。

無論外傳我們一開始的關係如何，我必須強調：福哥先伸出雙手對我釋出善意。過去我們分屬兩家不同的管顧公司，合作的默契與條件都不同，發展也不同，但對彼此的名號，如雷貫耳。

坐第一排的福哥

二〇一二年元月，他第一次到益讀辦的讀書會，來聽我的「說出影響力」演講。坐第一排的他不僅積極，連錄音筆都拿出來了，無論他的意圖為何，我覺得他來聽我演講，十足給了我面子。

之後「教出好幫手」讀書會，以及竹科舉辦的「行動的力量」專題演講，他場場都到，並與我分享企業內訓的辛苦與收穫，我們一次比一次熟悉。

不久我收到福哥的邀約，「憲哥，下個月九號你有課嗎？我想請你來當我的一日教練，方便嗎？」

剛開始我還納悶不已，四年後回想，這是我們合作關係的里程碑。

冬天的教室，氣氛熱

我答應了，這家公司我也熟，雖然坐在教室後面有些怪怪的，不過能近距離觀察簡報天王上課，機會絕無僅有，更何況我們是外傳的競爭對手。

「驚為天人，自嘆弗如」是我第一次觀察福哥上課的八字心得，我當晚就寫了一封信給他，跟他分享我的觀察報告，而多年後有四件事依然讓我印象深刻。

1音樂：教室裡的催化劑

音樂有什麼了不起嗎？沒有，一點都沒有，我上課時也有音樂，而且我也很厲害，但福哥更強的地方就是，該出現音樂的時候都有音樂，不該有的時候就沒有，而且都在一隻手上就能掌控。

他將音樂全部事先嵌入投影片中，一天七小時的課程彷彿是一種魔咒：「聽到某段音樂，就自動進入某種行為與情緒之中。」

2節奏：職業講師等級的分水嶺

講師的分水嶺是資歷、學歷、產業經驗，還是口條？我覺得都不是，而是節奏。為何我會如此認為呢？

一般企業內訓的學員幾乎都是被安排來上課的，對於課程的期望不會是音樂會，而是演唱會的等級。職業歌手的演唱會重點不完全是歌聲，如何進行與安排的方式才是關鍵。

哪個段落會出現飆高音，哪個段落唱主打歌，哪個段落安排了神祕嘉賓，哪個段落該給聽眾休息，哪個段落該結束，諸如此類的安排。一場訓練課程沒有上百次的操練，很難兼顧相關細節，福哥的確是箇中好手。

3 氣勢：游刃有餘

我印象很深刻的是下午時段，他十分清楚學員需要些時間消化課程內容，刻意給了段十五分鐘的休息，然後帶我去樓下便利商店點了杯熱咖啡。我喝起來很愜意，但我問他：「你剛剛給學員出的作業，不擔心休息十五分鐘後很難抓回來嗎？」

福哥回答：「不會啦，放心，他們一定還在拚命！」

進教室一看，果不其然，學員們都在演練接下來的簡報模擬。我對他游刃有餘的自信與氣勢留下深刻印象。

4 時間：精準的掌控

我下課的時候通常會拖點時間，我覺得給學員多點東西有何不好？17:00 結束的課程，有時會上到 17:15。我去上福哥的那一場，09:32 開始上課，17:35 在快節奏與高張力的七個小時後收穫滿滿地結束。不僅準時下課，每一段的討論與休息、課程與案例、影片與示範，都控制在時間內完成，沒有大量的練習與淬鍊，很難做到。

精準的時間控制，對講師有何好處？

講師對課程節奏的負責、對所有練習的深度掌控、對企業學員時間寶貴的一貫態度，以及學員對你的信任度，時間絕對是重要指標之一，福哥做出完美示範。

當天課程結束後，返家路途中，福哥的授課精神與態度、神情與樣貌，一直在我腦海中揮之不去。

有沒有我不喜歡的部分呢？也是有的，那就是他「追求完全比賽的自我苛求」，這是我比較不能認同的。

「台上十分鐘，台下十年功」，這是真的，而且必須付出人生極大的機會成本。

福哥講評

第一次聽憲哥演講時，我到底有沒有拿出「錄音筆」，這件事情我們兩人爭論了許久。不管有沒有，可以確定的是：我專程搭乘高鐵北上，參加憲哥的新書分享會。之後的幾

例如，我先準備一段與主題相關的教學影片，播放給學員看，如果學員無法立刻掌握要領，就再播第二遍。隨後請同學進行兩分鐘的小組討論，題目就是：若要做好這件事，必須掌握哪些要領？

分組討論之後，緊接著進行搶答，搶答過程予以計分，刺激學員發表的意願。全部答對並不容易，只要能講出要領的百分之六十左右，就算表現不錯。

最後，講師整合學員的答案，講解一遍正確的流程與步驟。由於學員已先透過影片與討論自己學習過一次，接著吸收老師的說明或是流程講解，學習的效果會非常好。

2 先示範，再講解

講師，講師，好像要很會講才能當老師，如果您到現在還這麼以為，恐怕會因學員的滑手機常態與睡覺打呼聲而深受打擊。

「口才」絕對是講者必要條件，但不是唯一條件，「會做，比會說更重要」。

或許你會反駁，工作教導的流程應該是「我先說給你聽，然後才是我做給你看」。沒錯，不過這是一般狀況。如果在教學設計中，刻意在未事先提醒學員的情況下，先示範給學員看，讓學員出現超乎預期的反應，或者讓學員驚呼老師的高水平，都能引發繼續往下學習的興趣。這時，針對上述成人學習特徵中的「刺激學習動機」、「憑什麼是你來教我」，都能有迎刃而解、不說自明的功效。

福哥是怎麼做到的？

福哥在教授講師開場的技巧時，絕對不會自顧自的狂講技巧，通常他會丟一些題目在投影片上，讓學員開始「小組討論」。討論完畢之後，他會問一句：「剛剛這是講師教學技巧中的哪一種？」

隨後讓大家「搶答」，你一言我一語結束之後，他再問：「剛剛這是講師教學技巧中的哪一種技巧？」

隨後他又接著說：「你以為只有我用這種方法嗎？我們來看一段影片。」隨即影片出現，待影片一結束，他又接著問：「剛剛這是講師教學技巧中的哪一種？」

這樣三段結束之後，福哥已經演示了三大技巧的操作方法：「小組討論法」、「問答法」、「影片教學法」。

如此先示範再講解的方法，深得我心。學員可以清楚看到講師是如何應用這些技巧的，再加上講師具備示範的能力，稍後教學講解時，在「why me」的力道上會顯得格外具有說服力。

總而言之，授課理論與實務必須緊密結合，不應以理論很難轉換為各種授課方法為藉口，身為講師必須考量學員的立場，用清楚易懂的語言、有效的教學技巧，讓學員快速進入學習狀態，維持學習的高成效。

福哥講評

教學、簡報與演講，各自有著不同的技巧。可惜很多教學者還是以「簡報」的形式，來面對「教學」的挑戰，授課時間一長，學員注意力散失，效果自然變得很差。

我常提到一個觀點：「說得越少，才能教得越好。」純粹用說的來教學，也許速度很快，但學員忘的更快。一定要讓學員自行思考、探索，甚至自己動手試過，才能真正理解並留下深刻印象。

當然，想要自在運用各種技巧，需要累積很多經驗，就是一場時間的修練了！

24 別讓工具變成絆腳石

講者的生命在講台，手法不是唯一

相較於一場簡報十分鐘、一場演講九十分鐘，一堂課程至少三小時，因此講師會使用較多手法，增加課程精彩度，以提高學習意願，幫助學員快速理解並吸收課程內容。不過，手法人人會用，巧妙各有不同。如果時間比例不對，或是操作過頭了，反而會帶來反效果。

在此分享某次企業內訓的案例。

影片可以載舟也能覆舟

課程即將開始，企業主管上台致詞。我預計一分鐘之內會將麥克風交給我，我自然地站了起來，眼睛看著主辦方，偶爾點頭微笑，表達禮貌與尊重。

三分鐘過後，主管仍在台上，並從褲子口袋拿出一個隨身碟，示意我用電腦播放影片。我將隨身碟插入，尋找檔案，此時台下學員開始聊天。我找到檔案後，立即播放，瞄到影片長達十三分鐘，著實有種不祥的預感。

我原本準備了震撼開場，看來很難派上用場了，台下學員聊天、滑手機的情況也變本加厲。由於該影片畫質不佳，還是若干年前網路流傳的舊影片，從現場反應看來，大多數的學員都看過了。我坐著等待影片結束，過程中這位主管一句話也沒說，只是靜靜地讓影片播完。

終於換我上課時，開場氣勢也散了。

結束時，我向承辦人請教，早上主管為何想播放該影片？

「主管希望幫您開場，談談說話的重要性啊！」

想達到這個目的，可以運用很多方法，包括說故事、分享案例、陳述自身經驗或看法，甚至精神訓話勉勵學員都可以，為什麼一定要使用一段長達十三分鐘且了無新意的影片？

我找不到理由，當時只有一個想法：「真正該上課的不是同仁，而是主管。」

有時候，影片就像美女的耳環，點綴襯托女性之美，試想若掛著一對比臉還大的耳環，會是什麼景象？當天下課時，我聯想到的就是這般畫面。

認清課程目標

一場七小時的企業訓練，主題為團隊共識，若是用七、八個團康遊戲串聯起來，結果會如何？

好玩、有趣、老師搞笑、很累、沒時間休息、沒空滑手機、時間緊湊……，這些都是從學員口中說出的評語，但是非常不幸的，學員根本沒有提到「我學到很多」這件事。

學習是目的，但把學習放在第一位，拚命填塞知識也不對。然而，如果忘了學習的初衷，只顧放影片，或玩一堆看似好玩，其實沒太多意義的團康遊戲，並無法達到學習效果。重點在於搭配運用，將課堂的講授、小組討論、遊戲、角色扮演、搶答、競賽、影片……，透過有效的設計，交互使用，才有可能達到預期的學習效果，而且整個流程還要順暢、有餘裕，不能將時間全部填滿。千萬別忘記，學員才是學習的主角。

以學員為主的教學思考

有一次我在廣播節目中專訪翻轉教育專家、台大電機系教授葉丙成老師，他談到以學生為主的學習模式（By The Student, BTS），老師不是教室裡的主角，學生才是。老師要刺激學生的學習意願，扮演學習推波助瀾者的角色，營造一種熱愛學習的環境與氛圍。我非常認同葉老師的觀點。

問題是，如何才能刺激學習意願？

「讓學生清楚知道，學會這個知識或技能對他有何好處。」這是我心中的答案。無論影片法、遊戲法、講授法，任何方法都只是達成該項目標的途徑而已，不是講師想放影片就放，想玩遊戲就玩，對於遊戲或影片結合了什麼特定的學習目標，講師必須了然於胸，也因此才選擇該項手法。

或許你會問：「憲哥，你還沒有回答我的問題，我們到底該怎麼做呢？」

至於實際上該如何做，我在此分享幾點看法：

1 **課前調查或作業**：企業人資單位若能於課前整理學員需求，提供講師參考，或是由講師出幾個簡單的作業，講師便能大致了解學員的程度與水準，這些對於課程的規劃會很有幫助。

2 **時間長短的拿捏**：演講、簡報偏向單向，授課偏向互動，千萬不要混淆了，錯把長時間的課程用短時間的方式來操作，或是把短時間的演講變得冗長。

3 **莫忘初衷與目標**：影片與遊戲都是畫龍點睛的工具與手段，重點是講者對於該主題的發展與收斂，都要結合學習目標與初衷。

4 **Take away and Action**：講者在離開授課或演講場地之前，自問：「我想讓學員或聽眾帶走什麼？學會什麼？」哪怕只是幾點精華要訣或技術，都會比一堂曇花一現的煙火秀來得有意義。

5課後調查：雖然不一定可以精準反映學員滿意度，但長時間的ＫＰＩ指標與文字意見，肯定是講者進步的最大能量來源。

6講者的生命在講台：要全心全力投入，無論簡報、演講、課程，唯有維持熱情全力以赴，才是不敗之道。上課手法只是之一，不是唯一。

福哥講評

所有的教學方法都是為了要達到最終的課程目標，因此必須檢視核心問題：「你是否確實知道課程目標是什麼？」

好的課程目標要能夠在教學結束後立即評估，因此像是「激勵團隊士氣」、「加強組織的學習能力」、「提升公司競爭力」，這些都是模糊不清的目標，並無法馬上確認是否達到。如果設定的目標模糊，有沒有達成當然也就不清不楚了。

25 講者的態度影響全場感受

做好事前準備，正向面對意外狀況

進到教室後，我照例把電腦設備架好。接下來檢查一下現場，燈光ＯＫ！桌椅ＯＫ！空調ＯＫ！音響ＯＫ！

正在檢查時，我發現有一個低頻的噪音，隨著空調啟動而來，像是管線震動的聲音。如果沒有特別留意，並不太容易聽到。但是對聲音有點敏感的我，還是再次確認了聲音的來源。等到一切就緒後，準備開始一整天緊湊的專業課程。

才開場說了幾句話，突然發現樓上有陣陣「達達達……」的噪音，穿過天花板，很清楚地傳到教室中。不一會助理回報，樓上在進行廁所拆除工程，因為工人只能利用週末到辦公室施工，所以今明兩天會全天趕工！這個聲音，就是工人用打石機敲打牆壁及地板的聲音。「達達達……達達達……」，看起來今天是不會結束，一整天都要伴隨著噪音上課了。

四大心法的運用

雖然學員沒說什麼，但我知道大家上課的情緒一定會受到影響。學員夥伴們排除各種因素，利用假日來上課，卻必須與噪音共處，一定不太舒服。而我自己本來就對聲音敏感，連冷氣細微的共鳴聲都能注意到，更不用說這種鋪天蓋地打石聲帶來的干擾。甚至，我還必須持續提高音量，才能對抗噪音，帶領學員繼續課程內容。

一面說話，我一面在心裡盤算：「臨時換教室應該是不可能，怪罪場地單位也沒有用（事前不知道，因為樓上是不同公司），而施工噪音沒有停止的趨勢，但學員的學習已經開始受到影響……。我到底該做些什麼，來改善噪音的干擾呢？」

此時，心中突然浮現聖嚴法師提出的「四它」：「面對它、接受它、處理它、放下它。」

我拿起麥克風，說了以下幾句話：

「大家一定注意到今天教室裡有一些打石的噪音。」（面對它）

「剛才已經請助理去確認過，他們會施工一整天。所以，看來這個聲音會伴隨我們上課，可能會給大家帶來一些干擾。」（接受它）

「但是請大家放心，我們會用更棒的上課節奏、更好的課程互動，以及更精彩的課程內容，帶領大家投入學習；用認真專注的態度，讓大家忘記噪音的存在，甚至忘記時間的流逝。」（處理它）

「堅困的環境考驗我們的意志，我會帶領大家通過這次的考驗！讓我們繼續下一段課程……」（放下它）

說了這幾句話後，我們就真的往前進，繼續一整天的課程學習、討論以及演練。雖然打石的噪音持續存在，但是過沒多久，學員似乎也習慣與它共處。噪音對我們的干擾幾乎被忽略了！

對現場完全負責

寫出這段故事是想分享一件事：有些事情可以做到事前的檢查與控制，像是音響、設備、場地等等，這些當然要做好萬全準備，務必達到最佳狀態。但是有時到了現場後，才發現有意料之外、無法解決的問題，道歉也沒有用，生氣或怪罪任何人，都無法改善現場狀況。這時一定要記得：「身為講者，你對現場負有完全的責任！」你的反應與處理的方式，會決定現場參與者的感受。

在這種情況下，請試著「面對它、接受它、處理它、放下它」，正面迎向挑戰，盡力確保你想要呈現的課程或演講品質。將它視為考驗自己和聽眾的機會，帶領大家通過考驗。這是專業講者必須有的基本態度。

憲哥講評

從簡報、授課、演講到人生，都適用「四它」。

娓娓道來的背後，講者的態度與信念決定了這支麥克風的力道。能否克服世俗的煩躁與心魔，也全在一念之間。

26 大型演講，一切操之在我

主動出擊，積極解決，發揮幽默感

下午三點四十八分，距離演講開始還有四十二分鐘，依照慣例，我是第一位到現場的人，除了承辦人以外。

現場排了近百張椅子，一位學員都還沒到，我跟企業客戶的副總打過招呼後，開始測試設備。不知為何有種不祥的預感，腦海開始追溯過去所有演講失利的情況，提醒自己全力以赴。

抓出現場不利因素

我花了一分鐘端詳現場，發現有幾個不利演講的因素，以往出現兩、三個也就罷了，今天竟然一次出現八個。

1場地只有一個門，而且在前面。

2樓下是辦公室，演講場地在四樓，地主學員從樓下走上來，其他分店學員從外面進來，聽眾若要處理緊急事項，你擋都擋不住。

3隔壁是行政中心，電話很多，每次電話一響，演講現場聽得非常清楚。

4講者右側是玻璃帷幕，下午四、五點光線還不錯，播放影片時會受到影響。

5投影機臨時架在小桌子上，投影距離很近。雖然畫質不錯，但講者一走動，勢必會有黑影遮住投影片，走位因而受限。

6音源與麥克風用同一個喇叭擴音，助理表示品質不穩定。

7我被安排在另外兩位內部講者後面，雖然大致順過流程，但仍有風險。

8聽說最近該區業績緊張，士氣不佳。

我一口氣寫下八個缺點與不利因素，但有沒有有利因素呢？

有的。

1大老闆全程參加，加上前面已有該公司其他三區對這場「練習改變」的演講留下好口碑。雖然此區的員工不認識我，但老闆對我豎起大拇指，有長官的支持認可，員工多少充滿期待。

2講師費報價很高，客戶應該會全力動員，教室有可能人數爆滿。

小狀況不斷，主動出擊

我前面的第一位講者是內部宣導的長官，開場聲音宏亮，我的心安定了不少。一分鐘之後，情況變得不太妙。

講者開始播放影片，結果影片沒有聲音。

這不就應驗了我列舉不利因素的第六點？現場氣氛有點緊張，工作人員趕緊調整音源線的方向，聲音出來了，但已經過了三分鐘的冷場。

幸好隨後的演講很順利，交棒給第二位內部講者。

儘管第二位講者越講越精彩，台下卻在享用主辦單位提供的麵包餐盒，很少人專心聆聽。我坐在隔壁玻璃隔間的會議室裡，看得一清二楚。此時，全場座位只坐了七成滿。

等到第二位講者介紹我出場時，我馬上大聲宣布：「給我三分鐘，請大家幫我做四件事好嗎？

第一，〇先生，請您先幫我墊個檔，我要將電腦換成我的。

第二，請右邊幾位學員幫我把窗簾全部拉下來。

第三，請大家先去上廁所，順便回個 LINE。

第四，麻煩主管 call 一下還沒來的人，我們三分鐘後馬上開始。」

我覺得要先排除幾個變數，才能從容應戰。講了一千八百場的課程與演講，突發狀況永遠不會消失，需要經驗與膽識應對。

我直覺音響沒問題，便將我的藍芽喇叭拆下來，放在會議室裡，電源接上，兩分鐘後開始演講。

問題還是找上你

一開始的 why me 還算可以，我有知名度後，自我介紹越來越短，五分鐘後就切入正題，但在吃東西的學員還是不間斷地啃著麵包。

十分鐘後，第一段影片短短一分鐘，遙控器一按，音箱沒有聲音，但會議室裡我的藍芽小喇叭卻播出聲音，全場一陣狂笑，有人用台語大喊：「看到鬼了！」

我也噗哧笑了出來。

應該是藍芽沒關，NB 系統連接上了藍芽，透過藍芽播放。我一不作二不休，直接請助理將藍芽喇叭拿出來，用無線麥克風堵住藍芽的口，讓聲音從擴音喇叭播出來，才解決了第一道難題。

隨後左側傳來窸窸窣窣的聲音，總是比右側的干擾多，有兩個愛講話的、一個老是在回 LINE、三個雙手抱胸，還有幾個在吃麵包，演講的挑戰總是一直不斷找上我。

其中還夾雜了幾通行政中心電話的鈴聲。

其實問題一直都在，我該如何克服？

全力以赴，我就是焦點

我發現左側比較不專心之後，就像舞者一般扭腰擺臀地從右邊轉到左邊，讓觀眾看到我故意又莫可奈何要避開投影機光線的樣子，並努力想與左側的學員四目交會。

我對著其中一位說：「您一定是工作很忙中午沒時間午餐。這麵包是不是很好吃？等一下可以分我一盒嗎？」現場哈哈大笑。

我對著另一位學員說：「您認真回 LINE 的樣子，老闆應該給你加薪才對。」大家又忍不住笑出來。

我看著那幾位雙手抱胸的學員說：「我看到您們就想起以前我在房地產公司上班時，明明月底已經沒有任何一組客戶可以 call 了，老闆還要我硬擠出名單來 call，我那時應該就是這種心不甘情不願的表情吧。」這時全場已經笑到腰都挺不直了。

隔壁的電話一響，我馬上接著說：「喂，您好！」全場終於笑翻。

笑聲持續兩、三分鐘。

我準備為此段落收尾，我對全場學員說：「我帶著滿腔熱血來面對您們，但您們似乎不太鳥我，這就跟您們面對客戶時的情況一樣，心態可以『練習改變』是吧？」

話鋒一轉，我把演講的主題用現場的狀況闡述了一遍，這個例子親切又深刻。

你若問我：「面對演講的變數，最有利的武器是什麼？」

那麼我的回答一定是：「幽默感！」

福哥講評

在這個案例中，「事先評估影響，上台主動排除」是憲哥最令人佩服之處。

很多人並不知道什麼狀況會對上台產生影響，這多少與經驗有關。即使你察覺到現場狀況有問題，包括投影機及硬體、現場座位的擺設，甚至學習氣氛等等，你會想辦法處理嗎？還是認為沒什麼關係，只要把時間撐完就好？

重要的絕對不是發現問題，而是發現問題之後，如何主動出擊，積極解決。這才是我們要學習的關鍵啊！

27 一年兩百場演講，你要如何準備？

職業級臨場應變，吸收即時訊息

「說出影響力」社群是我與學員的社群平台，學員除了上我的公開課程以外，都很想跟我去企業實戰的場合觀摩。

適合的機會終於來了！

演講實戰觀摩

我在高雄有一場「練習改變」的專題演講，我約了四位學員，一位在飯店業擔任行銷主管，一位在百貨業擔任營運主管，一位醫師特地從台北南下聽我演講，還有一位是高雄醫美診所的院長，當天特地休診。每個人都很看重這場演講，我更是全力以赴。

演講前，我告訴大家：「與其看我在課堂上說得頭頭是道，不如來觀摩我的實戰。演講後我會請大家分享觀察心得，記得作筆記，然後，請不要打卡。」

大家點頭稱是，我準備上陣。

對象是藥廠業務，演講開始前，我與高階主管對談一分鐘，與承辦人對談一分鐘，得到一些重要訊息。

業務高階主管J：「憲哥，我在之前服務的公司聽過您的演講，目前本公司與各業務部門正面臨組織調整，環境改變了，以前的優勢現在變得不那麼明顯，醫生面對我們的業務也熱情不再，真的要麻煩您了。」

承辦人A：「憲哥，發票有帶嗎？學員一早從台北出發，精神不濟，下午三點十五分開始的演講，麻煩您一定要振奮我們的精神。」

每一場演講，無論時間有多緊湊，我都希望先跟主管與承辦人談一談，我們的對話將成為演講中的哏，正面的哏。

現場吸收，即時運用

以花蓮門諾醫院的演講為例，演講前我與連竟堯主任對談，他明顯感受到我的威力。我們談到花蓮選舉、曹錦輝的現狀、陳致遠的後續、藍綠對決、花蓮的人口、某位候選人的招數，當然還有門諾醫院同仁對「行動的力量」演講的期望，我都巧妙運用在演講中。

演講除了事前要充分準備，現場吸收即時訊息能大大增加精彩度。在高雄這場「練習改變」的專題演講，我就透過談話得到二十幾個靈感，全拜現場吸收訊息所賜。

「臨場反應」與「幽默感」是演講決勝之道，不是投影片或預先準備的笑話。

在高雄這場演講中，我將即時得到的靈感轉為幾個哏：

「剛剛J告訴我要好好鼓勵您們，我卻不想這樣做，A咖是不用鼓勵的，你有看過彭政閔失誤，總教練吳復連去鼓勵他嗎？對B咖才會這麼做吧？」

「組織改變？公司獎金比例調整？現在環境艱困很難做？您們一定覺得我是J派來的打手，對不起，我完全不是。我會坦白告訴你，人真的『很難改變』，又『為何要改變』、『如何去改變』。」

結語時，我對學員說：「演講開始前，A跟我說，您們很早出發，很累、會睡著，我覺得很納悶，您們跟他說的應該是不同梯次的人吧？剛剛兩小時每個人都聚精會神看著我，只有三個人去廁所，十八個人拿面紙擦眼淚，九成的人拿手機拍我跟投影片，您們跟A說的應該是不同梯次吧？」

現場一片笑聲。

我是用了許多演講的技巧，但完全沒用到舉手法、搶答法、競賽法、分組法……，這些屬於基本技巧，掌握了基本技巧之後，還需要更多的靈活運用，才能讓演講跳脫方法的框架，形成自己獨特的生命力。

你的勤奮用對地方了嗎？

許多人對演講的想法就是事前努力認真地準備、準備、再準備，這完全符合「勤奮」的意義，但是我發現**許多所謂的「勤奮者」，只是「表演出很勤奮的感覺」，而沒有想過這樣的勤奮，到底有何意義？**現場有時是無法透過勤奮二字達到預期效果的。

例如學員的狀況、設備、時段、氣氛……，或許你認為這些都可以事前準備。但是，當你一年有將近兩百場演講或課程，在這種情況下，你知道自己到底要準備什麼嗎？

一旦成為職業講者，就不是準備演講內容，「而是準備自己的狀態」。

一個打擊率三成五以上的職業打者，之所以會有高打擊率，不是去研究聯盟五十幾位投手的球路，而是讓自己一直處在強打者的狀態中，包括身體、肌肉、睡眠、情緒、慣性等。同樣的，職業講者也是如此，休息、飲食、備用檔案、3C工具、隨身小禮物、幽默感……，這些都是我說的狀態，讓自己處在最佳狀態，再加上勤奮才有用。

如果只是一直研究投影片，卻忽略自己論述議題的能力，就是搞錯重點了。一旦優先順序顛倒，卻仍「勤奮不已」，只會白費力氣，並且與目標漸行漸遠。

分享與自我評估

說到這裡，我跟大家分享子弟兵對該場演講的評價：

台北南下的醫師：「請一天假只為了南下聽演講很值得，憲哥對聽眾的情緒起伏掌握得天衣無縫，尤其面對兩位聽眾上廁所的臨場回應，巧妙得如神來一筆。」

高雄醫美診所的院長：「憲哥總是能用淺顯易懂的語言讓台下聽眾了解所要傳遞的信

念，這是我要學的，與其學習舉手法、搶答法、投影片……，在憲哥眼中的雕蟲小技，不如強化自己的信念與積極想要傳遞的訊息。」

百貨業主管：「憲哥對現場觀眾的情緒掌控行雲流水、神乎其技，進入高點後頓時摔落谷底，低谷盤旋一陣，瞬間拉抬至高峰的爆發力，神級表現，嘆為觀止。」

飯店業的行銷主管有事離開，沒聽到演講，他說下一次一定來，我說再等三年吧。

根據我的自我評估，這場演講我做對了四件事：

1 開場前與主管、承辦人談話，取得諸多重要訊息。

2 子弟兵坐後面觀摩，激勵我快速進入高度備戰狀態。

3 看著觀眾演講，仔細閱讀他們的表情，試想自己若是觀眾，我期待講者說什麼？

4 真誠，不虛假。

這四件事再加上多年勤奮累積的功力，讓我一年挑戰一百八十場演講或課程，能夠過關斬將，連戰皆捷。

福哥講評

除了爭辯「投影片重不重要？」憲哥跟我也經常討論「現場技巧到底重不重要？」在我的觀察與認知中，憲哥屬於威力型的講者，只要一站上台，麥克風一開，自然就能發揮強大的影響力。至於運用了什麼技巧，對他而言並不是最重要的。

而我不像憲哥這麼有威力，因此我可能更擅長透過現場技巧的規劃與設計，讓台下聽眾更聚精會神，更快融入整個教學或演講現場。

你不需要選邊站，也不必認定哪一種比較好，更重要的是：清楚你是誰？你的風格是什麼？如何將自己的特色發揮到極致？這絕對值得你認真思考。

第三章

千萬講師指導你高超技巧

28 分秒必爭的電梯簡報

快速講出重點的練習

到現在我都還清楚記得第一次見到 Betty 的樣子，國際知名食品大廠的總經理，幹練、精明又漂亮的身影，站在台上為一整天的訓練課程進行開場。「相信大家今天一定可以學習到很多簡報表達技巧，有機會我也可以跟老師交流切磋。」Betty 站在台上，眼光掃視著台下的每一位同仁。

過去在不同的地方教課時，我們經常會遇到高階主管的關心與參與，但是很多主管只是在開場致詞，或是坐在教室後面觀察，但是像今天的情況，跨國企業的總經理在訓練教室待上一整天，而且還是以學員的身分參與，這就真的很少見了。所以，我自己也很期待在課程中，能跟 Betty 有一些交流。

To the point！

趁著中間下課時間，我私底下請問她：「對於同仁簡報有什麼期待或要求？」她點了點頭說：「要 to the point！我希望大家的簡報能快速有重點。」原來有很多同仁的簡報經常是長篇大論，開始五分鐘後還沒談到重點。這對工作節奏快速的 Betty，造成不少困擾。身為高階主管，有時她只是想知道事情的概況，卻無法在一到二分鐘之內得到需要的訊息，她很希望同仁可以學習快速講出重點的方法。

於是在下一堂課開始，我請同仁拿著準備好的二十分鐘簡報上台，並提出一個情境要求：有一天你進入電梯，剛好主管也在裡面。主管知道你下個星期要進行工作簡報，因此要求你先快速報告重點讓他了解。隨著電梯往下，時間很快就過去了。現在你大約有九十秒的時間，要把原本二十分鐘的簡報濃縮成重點說出，這時你應該怎麼做呢？

倒三角型敘述，快速、有重點

電梯簡報不同於一般簡報，最大的差別是必須在有限時間內，完成清楚的說明。因此要採取倒三角型的敘述，先講結論，接著重點摘要，最後才是內容說明。進行的方式大致如下：

1 先講結論

電梯簡報時間很短，可以先花十秒講一下最大的重點，也就是最後的結論。以剛才的情況為例，可以先說：「下週的工作簡報，我會說明如何透過新產品開發，達成年營收百分之二十的成長計劃。」

2 重點摘要

等到結論講完後，就可以接重點摘要，例如：「報告中，我會提到市場分析、新產品簡介、行銷規劃以及效益分析這四大重點，讓大家清楚我們的執行細節。」像這樣的重點摘要，大概只需要花二十秒，就可以讓主管清楚掌握整個簡報的輪廓。

3內容說明

前面的結論加上重點摘要，大概會花三十秒的時間，接下來的一分鐘可以再回頭，補充說明每一個階段重點的內容，例如：「在第一階段市場分析，我們會分析目前市場整體的銷售狀況，並且說明一下消費者現有的需求，以及我們產品切入的角度。在第二階段我們針對這次推出的新產品，做一份完整的功能及特色介紹，讓大家了解產品的銷售賣點。而在第三階段行銷規劃，我們會……。」就像這樣，針對每一個重點進行內容概要的補充。記得！不要講得太細，只要把最大的重點說出來即可。主管在聽取電梯簡報時，也不是要知道多深入的細節，只要能在最短的時間，讓主管了解事情的全貌與最大重點即可。

根據倒三角型的敘述模式，當天的學員很快進行了濃縮式的電梯簡報演練，並在最短的時間內將重點做出清楚的呈現。看到同仁的表現，Betty露出滿意的笑容，「我只有一個建議，」Betty說：「下一次應該在電梯裡實際練習！」

憲哥講評

對於實事求是的高階主管而言，精準與有效率的談話一向是成功表達的要訣。掌握福哥說的倒三角訣竅，讓你未來無預期遇見高階主管，「只會想到機會，不再感到害怕」，尤其真的在電梯裡。

29 越難，越要讓人聽得懂

將複雜的概念，濃縮成三點

你一般都怎樣做產品簡報呢？

擔任專業講師初期，我經常出現在金融業、科技業。尤其是科技業的簡報很讓我頭痛，那是一種說不清楚原因的頭痛。

化繁為簡

「專業，是通俗的溝通」，而簡報更是「職場最不公平的競賽」，這兩點我一直奉為圭臬。

「通俗的溝通？我們的專業就是不通俗啊？科技，你們不懂啦！」回想在科技業服務那六年，其實我也在學習。

每次業務經理季會報，一整天下來，二十幾位業務經理對總經理做簡報，幾乎不是你死就是我活，要不睡成一片，要不你講你的，我回我的email信件，這個場景就算相隔許多年，依然是場噩夢！

每每走出會議室，能讓我留下深刻印象的簡報，幾乎都是化繁為簡、舉例生動，或是帶有故事性的簡報。

我請教了簡報生動的業務主管，他們都提到共通的概念：「化繁為簡」、「十分鐘只講三件事」。讓我確信日後在簡報的教學中，一定要秉持這些原則。

少即是多

每次去到金融業，無論是擔任簡報評審或是簡報教練，投影片上幾乎都塞滿著訊息，還有大量的圖表與表格。

有一次在某知名金控，學員因副總要求他將十分鐘簡報塞進三張投影片中，他不知如何是好，於是問我如何塞以及塞的技巧？

結果，我們因為「投影片該如何呈現？」意見相左，經過一番爭辯後，對方丟下一句話：「老師你不懂啦！」隨後揚長而去。

在金融業看過的簡報中，有位學員J倒是讓我印象深刻。

當天有二十五位學員參加簡報比賽，每位僅有六分鐘的時間，隨後是自我評量、觀察員講評，最後才是我講評，題目是很難懂的「信貸推廣業務」。

只見J上台後，用了他獨特冷面笑匠的功力，以極慢的語速呈現他的簡報，投影片上的字不多，但字都很大，對於下午兩點抽籤上台的他，明顯扭轉了原本不利的情勢。

他把產品的特色濃縮成三點來說明，至少在破題的時候，立即就知道只有三件事，應該不會太難懂。

隨後他用了三位當時國內有名的政治人物，取其名字中的一個字帶出重點，大綱還用了政治人物的大頭照，具象的圖示讓人耳目一新。

中場在介紹信貸三大特色時，他巧妙連結了三位政治人物曾說過的話，或是政黨傾向，並以顏色區隔投影片，幾句笑哏調和了嚴肅的產品說明。

當天J獲得台下學員與長官一致好評，拿下第一名。從我的角度來看，這項榮譽絕非運氣，他的確運用了幾種特殊的方法。

奪冠的祕訣

把複雜訊息變成好記的三件事，這不僅要非常了解產品特色，還必須靈活運用。以清楚明瞭的簡報色塊「藍橘綠」，分別代表三位政治人物的立場，再搭配名字裡的字，與產品的實用特色產生聯想，真的非常有創意。

六分鐘簡報中，J只用了一張簡單的圖表，配上幾張大字流的投影片，外加三位政治人物的照片，輔以特色出現時顯眼的色塊，事隔多年仍讓我記憶猶新。至於其他二十四位參賽者的簡報與臉孔，早已不復記憶了。

為什麼這樣做會有如此顯著的效果？

首先，「三」是一般人在十分鐘之內，不用筆記就能記住內容標題的上限。

其次，若是三件事仍然講得很複雜，不能用通俗語言說明，也不會獲得評審與聽眾青睞。

最後，以政治人物做為笑哏很容易引起共鳴，觀眾在會心一笑時，已經不知不覺記住簡報重點了。

上面這一段我也示範使用「三點」來說明一件事，從「首先」，到「其次」，「最後」用來收尾，讓本篇重點也變得好記了。

面面俱到，環環相扣

提醒大家，三個重點要從不同角度切入，同時緊緊扣住題目與目標，這樣的簡報才會令人印象深刻！

實例說明一：改變的構面

主題：練習改變

三大重點：很難改變、為何改變、如何改變

實例說明二：選擇的構面

主題：人生選擇

三大重點：選擇的難處、為何需要好選擇、人生選擇的訣竅

實例說明三：職場階段分類

主題：彎道加速的職場人生

三大重點：幕僚人資階段、業務人生階段、創業階段

實例說明四：時間軸分類

主題：十年前不懂，如今不得不懂的人生啟示

三大重點：十八至二十八歲、二十八至三十八歲、三十八至四十八歲

福哥講評

「三」像是個黃金分割，經常在高手的簡報中看到。很多人會擔心，只講三件事，台下會不會覺得過於濃縮、過於簡單？

其實這種擔心是多餘的，「簡報的核心，不僅用來傳達資料內容，更重要的是說服」。當你只想著傳達資訊，便會在投影片中塞入一大堆資訊；而當你想的是說服聽眾，就會開始思考什麼方式能讓聽眾理解、記住而且被說服。這時候「三重點分割」就是非常好用的技巧。

換一個說法，如果聽眾連三個重點都記不住，又如何能消化更多的內容呢？

30 善用好圖，達到最佳說服效果

如何平衡設計感與真實感？

這幾年大家越來越重視簡報設計，不同風格的簡報各有不同的支持者。有些人喜歡全圖大字，有些人喜歡精緻內容，另有一派喜歡把圖像轉成平面化顯示，讓投影片看起來更有設計感。而我總是從簡報效果的面向來思考，內容配合什麼樣的風格最能達到說服成效，我就支持什麼樣的風格。因此，第一次看到連主任的投影片時，我除了覺得「很漂亮」之外，似乎也沒有特別的感受！

示意圖與情境

連主任是花蓮門諾醫院發展策劃部主管，平常的核心工作就是為門諾醫院進行公關以及募款。許多的企業合作與資源贊助，都是透過他一間一間的拜訪、連繫而來。由於醫院位於東部，所以連主任經常有機會跟著醫療團隊，深入山地偏鄉進行醫療服務。他觀察到一個現象，有許多病人無法自主行動，必須仰賴他人的照護，包括移動、洗澡、更衣，或是就醫時的攙扶，甚至以人力徒手抱起搬動。想想看要抱起一個成人，需要多大的力量？更何況是一個相對虛弱，無法行動或不易挪移的病患。不僅病患不適，照顧者也可能因此受傷。面對這樣的問題，連主任開始尋找解決的方法。

蒐集了相關資料，他發現目前有一種「零抬舉照護」（No-Lift Policy）的模式，就是利用特別設計的輔具及流程，讓照護者在整個過程中，無需徒手搬動病患或被照護者。除了可以避免受傷外，還可以讓雙方有更好的生活品質。這個模式在國外推展多年，但相關資訊在台灣還算陌生，更不用說在花東偏鄉了，目前僅有「安全行動照護協會」在持續推廣中。連主任把這些觀念與資訊整理成簡報，希望協助推廣零抬舉照護，嘉惠更多有需要的人。他拿著剛完成的簡報來，想聽聽我有什麼建議。

簡報很漂亮，也很有設計感。大量運用平面化及扁平化的手法，把一些照護的情境，轉化成示意圖的形式。就像我們在道路交通號誌上看到的行人、汽車、道路施工的圖像，並運用色塊作為形體的外框。這種簡單的圖示可以快速表達想要描述的情境，是目前頗受許多人喜愛的作法。

用照片傳達新概念

「簡報很有設計感，卻少了一些真實感！」我看到簡報中大量運用一些設計圖形、色塊與示意形狀，來表現照護病患的場景。視覺上很漂亮，但是零抬舉照護這樣的新觀念在台灣並不普遍，如果只用圖示表示，大眾還是比較難想像。在這種情況下，為什麼不直接展示實際的照片，讓觀者清楚感受到，搬移被照護者是多麼吃力的一件事。「用平面化增加設計感，用照片增添真實感。」是我給連主任的建議。「沒問題！我手邊有一些素材，整理一下就能派上用場。」於是他回過頭去翻修這份零抬舉照護的簡報檔案。

修改後的簡報，增加許多照護的實境畫面，原來的平面化，適度地運用在簡報的重點示意與內容分割。於是，連主任拿著新版本的簡報，順利為門諾醫院募得幾筆捐款，讓病房與護理之家增添適當的用具器材，使工作人員能開始採取零抬舉的模式照護病患，降低照護者與被照護者受傷的可能性。不僅如此，他還把這份簡報與相關的照護機構分享，讓更多人了解如何做到零抬舉照護。

簡報的重點，其實不在於好不好看，有沒有設計感，這些都只是附加價值。透過一份真實的簡報，傳達重要觀念並達到預期的效果，真正發揮影響力，讓更多人受益，這才是學習簡報跟表達技巧的主要目的，不是嗎？

憲哥講評

一圖解千文，好圖勝萬言。何謂好圖？天然的尚好。實境照片，就是最好的圖片，你還在美圖秀秀嗎？別再搞錯方向了。

31 產品介紹讓國外原廠說讚

不懂中文也可以秒懂

我第一次聽到CLP時，完全不知道是什麼東西。仔細閱讀簡報上的資料後，大概理解是一種潤滑油，跟平常熟悉的 WD 40 噴式的潤滑油功能類似。由於包含太多專業名詞以及檢驗報告的原始檔，我在聽簡報的時候感到有點吃力。這也是耿頡規劃這份提案說明時，遇到的最大挑戰——「如何讓台下聽懂專業主題的簡報？」

怎麼傳達專業而冷門的知識？

在進一步了解後，才知道CLP不僅是潤滑油，還被美軍用來保養槍械及武器。耿頡把照片展現給我看時，我才認知到這是非常專業且高端的產品，畢竟要符合美國軍規的高標準，可不是簡單的事。我問他：「像這樣的產品，應該很好銷售吧？」沒想到耿頡帶著苦笑對我說：「由於這項產品才剛代理進來台灣不久，沒有太多人知道，因此還在推廣中……。」這麼說我就懂了，關於潤滑及保養油品的相關知識本來就專業而冷門，真正了解的人不多，再加上市場知名度不夠，要怎麼推廣才能提高銷售，對於行銷業務人員來說，還真的是一大挑戰。

「你手邊有什麼證明產品性能的資料嗎？」我問耿頡。

「我有很多原廠的檢驗報告。」耿頡馬上打開電腦展示。看著螢幕上密密麻麻的專業名詞與檢驗數據，只覺得這些資料過於專業，客戶及消費者一定沒有辦法在第一時間馬上理解吸收，只能當成輔助訊息。

當我進一步追問還有沒有更直接、一眼就能看出產品特點的資料時，他想了想，告訴我說：「有幾段網路影片，還蠻有趣的。」

有效影片勝過千言萬語

原來是有幾位美國的槍枝業餘專家，為了要實驗哪些油品適合用在槍枝保養，因此拿了CLP與其他幾種不同品牌的油品，一起做耐高溫試驗。因為槍口在射擊時會產生高熱，如果保養油品耐熱性不夠，就無法發揮保護器械的功能。我看著網路上的影片，測試者把高熱的槍管丟進其他油品時，突然「轟」的一聲，保養油品就被點燃了！（嚇了我一大跳！）而同樣的高熱槍管丟到CLP中，就像丟入水中一樣，冒出了一些蒸氣，之後又歸於平靜。透過影片展示，CLP的耐熱性表露無疑。

「這段影片太棒了！」我告訴耿頡，過於專業的說明有時很難理解，但是一段簡單的影片，可以讓台下秒懂，如果影片可以取得授權使用，這是一份絕佳的素材。他聽了深表贊同，立刻著手進行相關的聯繫及剪輯事宜。

結果過沒幾週，就收到好消息了。

「真的有效吔！」耿頡與團隊真的去向國軍做了產品介紹的簡報。面對一群高級軍官，這段影片馬上發揮效果，軍方對這個美軍也使用的保養油品，表達了高度的興趣，希望能夠進一步洽談。連國外原廠派來的代表，也在簡報後對耿頡豎起大姆指說：「雖然我不懂中文，但我完全知道你要表達的內容！Great presentation!」原廠代表希望獲得耿頡的同意，將他的簡報作為原廠的訓練教案使用。

「請問CLP這個產品有零售嗎？」我笑著問他。雖然我們不是軍方，沒有武器設備需要保養，但是如果在我平常騎的自行車上，也能使用與美軍相同規格的保養油品，說不定可以騎得更快一點……。看來連我也被這份簡報說服了！

憲哥講評

簡報最迷人之處在於，就算口條、投影片、外型、肢體語言、聲音語調等外在條件不如他人，經過有效的訓練，都能更上一層樓。

專業簡報製作到連不懂中文的人都聽得懂，還有什麼難得倒我們？產品越是複雜，越要說人話，你同意嗎？

32 讓聽眾「看見」古典音樂

結合創意的簡報表現

一開場，講者還沒說話，現場馬上傳來連續兩次三短一長的古典樂聲。「噔！噔！噔！噔……噔！噔！噔！噔……」接著，講者問大家：「請問這是誰的作品？」有一個高中生舉手說：「貝多芬的《命運交響曲》！」現場隨即響起掌聲，答對的高中生獲得一個小獎品。隨後講者繼續帶領聽眾「聽見」並「看見」古典音樂之美！

「聽見」古典音樂，大多數人都能理解，但什麼是「看見」古典音樂呢？

音樂欣賞也需要簡報技巧？

涵寧老師是大坡池音樂館的音樂老師。這是一間位於台東池上的藝文空間，由民間的樂賞基金會所經營，致力於古典音樂的欣賞與推廣。除了提供古典音樂的資訊給參觀的民眾，音樂館還有固定的音樂賞析時間，以講座的方式帶領民眾進入古典音樂的世界。涵寧要在這個講座中，以十五至二十分鐘的時間，向民眾介紹貝多芬跟他最著名的作品，也就是《命運交響曲》。

如果向原本就是古典音樂的愛好者介紹貝多芬，自然很容易引起聽眾的興趣。但是來參觀音樂館的民眾，不一定是因為古典音樂而來。他們有些是因為好奇走進來，也有些是為了遊覽池上周邊景點或大坡池的景觀而來。在聽眾組成多樣、年齡分布差距很大的狀況下，要談古典音樂、介紹貝多芬，還要抓住聽眾的注意力，讓人覺得有趣，實在是很大的挑戰！這也是當初涵寧遇到颱風天，特別提早兩天搭火車北上，進到課堂學習簡報的原因！

「怎麼樣可以讓古典音樂賞析生動又有趣呢？」我在課堂中拋出這個問題，讓大家一起發想。

馬上就有人提出：「可以讓聽眾聽一小段音樂，玩古典音樂猜猜看的遊戲！」這是一個好構想，其實有些古典音樂的段落，時常出現在日常生活中。例如，垃圾車音樂（〈給愛麗絲〉或〈少女的祈禱〉）、電影《我的野蠻女友》中的鋼琴曲（〈卡農〉）、甚至是兒歌〈小星星〉，也曾被莫札特改編為變奏曲。如果可以在簡報過程中，插入一些民眾耳熟能詳的古典音樂段落，進行有獎搶答，效果應該不錯。

如何讓聽眾看見音樂？

「用視覺化的方式，介紹古典音樂！」接下來，有人提出這樣的想法。如果可以有一些照片或是作曲家的手稿，甚至是一段交響樂團的影片，穿插在簡報說明中，效果應該也很好。但是音樂本身要怎麼被「看到」，實在很難想像。在腦力激盪的過程中，我回頭望向涵寧，她微笑著點頭，看來這些五花八門的點子似乎觸發了她一些想法。

課程結束後沒多久，我收到一段影片，是涵寧在大坡池音樂館上台的情形，主題是：「貝多芬——穿越黑暗，迎向光明」。她運用了許多我們在課堂上討論的構想，例如古典音樂猜猜看、作家生平介紹與照片、交響樂團的影片，都被她巧妙安排在說明的段落中。影片呈現了聽眾聚精會神的表情，可以想像現場的效果非常吸睛。

最讓我驚訝的是，她把貝多芬《命運交響曲》的經典樂句，「噔！噔！噔！噔……」這個三短一長的重複段落，運用電腦軟體呈現出一段一段看得到的音樂線條。短音節，就用短的線條；長音節，就用長的線條。聲音的高低，則決定了線條位置的高低。用這樣的表現方式，聽眾不僅「聽」得到音樂，還「看」得到音樂的樣子，以及作曲家是如何透過重複的樂句，表現出音樂的心情及劇情。聽眾不需要懂得樂理，也能「看到」音樂的表現，從中學習到音樂欣賞的重點，這真是一個非常高明的手法！

「怎麼想到這個好主意？」我問涵寧。「我聽了大家的建議啊！既然聽眾希望看到音樂，我就想個辦法讓大家看到。」不受限於表達形式，她成功讓聽眾欣賞到古典音樂，同時更進一步認識古典音樂。有空的話，不妨到台東池上的大坡池音樂館走走，說不定就有機會看到涵寧，也能看到古典音樂！

憲哥講評

演練當天我也在場，涵寧不僅讓音樂被聽見，更可以被看見，多一種感官呈現，多一種刺激，更多一種說服聽眾的可能。聽涵寧介紹貝多芬，我彷彿與音樂大師跨越時空對話，獲得無與倫比的美好經驗。

33 把「他們」變成「我們的」客戶

為什麼別說你、我、他？

在咖啡店偶遇 Jacky，看他一副垂頭喪氣的樣子，我問他怎麼了？他說剛剛去向客戶提一個產品的簡報，看起來好像又失敗了。

我向 Jacky 了解細節，他回答：「客戶說，他們自己的問題，自己最了解。我們公司提供的意見，只能當作參考。」從這段話中可以明顯感覺到客戶與 Jacky 之間有很大的距離感，依照我過去的經驗，一定是提案簡報的說明出現了什麼問題。因此拉著 Jacky 坐在身邊，要他把我當成客戶，演練一次簡報給我聽，讓我可以對症下藥，給他一些指導跟建議。

「我們」跟「你們」距離很遠

因為是剛剛結束的簡報，Jacky 非常熟練地對著我再做一次示範。他這次的提案是關於一個工作流程管理系統，提案一開始就聽到他說：「根據先前調查的結果，相信我們家的產品，一定可以幫助你們公司解決現有的問題。讓你的工作更有效率，也讓你們整體的工作流程更有效率。這個新軟體的導入，將幫助你們的工作流程變得更順暢。市場上有許多用過我們家產品的人，都對這項產品有很高的評價。也歡迎你們可以去問問他們……」Jacky 滔滔不絕地說著，感覺很有信心的樣子。

說完這一段後，我請他暫停一下。我好奇地問：「為什麼要說『我們家』？」

「哦！我們在公司裡都這麼說，代表我們對公司有強烈的認同感，所以稱公司為『我們家』！」Jacky 有點驕傲地回答。

「簡報本身沒什麼問題，倒是代名詞的使用出現了一些狀況。」我把手上的義式濃縮咖啡一飲而盡，接著說：「簡報的過程中，一直用『我們家』、『你們』、『你』跟『他們』，這是有問題的！」

因為如果在提案中，一直用類似的代名詞，無形中會拉大簡報者與聽眾之間的距離，最後將不容易達成提案目的。距離遙遠，當然就不容易結案（完成銷售目標）。

換個代名詞，效果大不同

「那應該怎麼做呢？」Jacky 似懂非懂地問。

我告訴他：「我們把剛才那段內容修改一下，試著不用『我、你、他』，改用『我們、各位、大家、貴公司』，看看會不會有不一樣的感受？」

「根據先前調查的結果，相信『我們』的產品，一定可以幫助『貴公司』解決現有的問題，讓『各位』的工作更有效率。這個新軟體的導入，將幫助『大家』的工作流程變得更順暢。市場上有許多用過『我們』產品的人，都對這項產品有很高的評價。也歡迎『各位』可以去問問『我們的客戶』……。」

聽完之後，Jacky 馬上用力點頭表示贊同：「真的吔！這樣子說，距離感馬上就不見了！」只要把「我、你、他」以「我們、各位、大家、貴公司」來取代，這樣簡報者與台下的距離感覺就近多了。當然，有些代名詞的使用習慣也不是那麼好改，需要再多練習幾次，才能習慣成自然。

Jacky 跟我道謝後，只見他嘴裡唸唸有詞地練習著「我們、各位、大家、貴公司」，邊說邊走出咖啡廳。

沒過幾天，我就收到Jacky的簡訊——「謝謝福哥！上次那個『他們』，現在變成『我們』的客戶囉！」現學現用，果然是超級業務啊！

憲哥講評

好的業務，不見得是好的簡報者，但是好的簡報者，一定是好的業務。

讓客戶覺得你跟他是同一條船上的人，這是比產品特色更吸引客戶的無敵魅力。

34 簡報的人生逆轉勝

看似沒有技巧的高超技巧

一場平日下午的課程，平常到不能再平常，儘管我很少接半天的課程。沒想到第一次休息過後，整個電腦當掉，上課十二年來頭一回發生這種事。

特別的一天

站在台上的我頓時緊張了起來，還好過去的磨練算紮實，借了一台電腦，沒讓麻煩耽誤太久。

那天的學員很出色，課程也很精彩，只是我給了自己不是太滿意的分數，畢竟職業選手是不能夠出錯的。

原本以為是困窘的一天，沒想到後面還有發展。

兩個月後，有位學員打電話給我，說那天下午她也在，她想約我跟她主管碰個面，聊聊公司的內訓計畫。那年我非常忙，與她約了某天下課後三十分鐘的空檔。

一見面，珍問說：「憲哥，你還記得我嗎？」

職業的反應告訴我，一定要這樣回答：「那天課程很嗨，學員都很投入，我感覺大家都很像耶。」其實是我分不太出來誰是誰，很慘，明顯的初老徵狀。

撿回來的便利貼

仔細觀察了一下珍，與其說是女孩，不如說是有陽剛味的女孩。短髮、小個子，不說話時會以為珍是工讀生，這也是許多人對珍的第一印象。或許就是這種反差，讓她後來在我心中占據不容取代的位置。

我去她們公司上了一堂簡報技巧的課程，珍的表現不差，但因緊張、時間掌控不佳，沒有達到我的標準。

一年後，珍想要轉換職場跑道，報名參加我跟福哥的「憲福講私塾」，她只留了資料，沒有電話「拜票」的進一步動作。

萬萬沒想到第一屆「憲福講私塾」的課程吸引了很多人，有五十幾位想從事專業講師工作的人來報名，而我們只收二十五位，還有不少人為此關說，讓我跟福哥不知該如何是好？

我們在桃園高鐵站的星巴克篩選名單，像是兩個有毛病的大叔，一面激烈地討論，一面把店家的牆面貼滿了便利貼。

來回辯論了一陣子，福哥說：「剩下一個名額，憲哥你決定吧。」

我從垃圾桶裡撿回剛剛被福哥丟掉的便利貼，上面是珍的名字。這個決定讓憲福出現逆轉勝的契機，或許也代表著她的人生逆轉勝即將登場。

初試啼聲

課程中珍的表現普通，相較於其他人，尤其是在具有半職業級講師水準的學員中，她甚至是最不起眼的。

但是第一天課程結束，收到她預備上台教學的投影片，讓人眼睛為之一亮，光是投影片就打敗了至少一半的人。她還沒真正出手，我們就感受到她深厚的功力，威力強大。

演練共有兩天，珍被分在第一天，據當天坐在後面觀察的管顧公司代表C表示：「這裡面幾乎沒有一個立即能用，除了她以外。」

我可以用「驚為天人」來形容她嗎？

有創意，有內涵，有學習效果，有實務經驗，最重要的是有風格，這是我對她上台後的整體評價，一個非常成功的二十分鐘教學。

我跟福哥使了個眼色，要她下週繼續參加第二梯的演練，原本沒這樣安排的，但我們馬上做出決定。緊張的是第二梯的另外七位參賽者，即將遇到強勁的對手，無不打算使出殺手鐧應戰。

決戰第二場

珍二度上台，我沒要求她更換題目，她卻主動以全新題目應戰。比起第一梯，意外驚喜少了，但功力依然深厚，可以察覺她對企劃實務與實作的內功，非常強大，只是操作手法與上次雷同，我跟福哥不覺得有驚喜，但是一樣精彩。

全班只有她參加兩次演練，綜合評比後，我們頒給她第一名的榮耀。我想上課前，沒有人料到她會脫穎而出，就算沒有跌破眼鏡，至少大家都是讚嘆連連。

我歸結珍上台成功的要素與決勝關鍵，可以分成這幾部分：

1實務能力：她在廣告業的時間長達十五年，榮獲各種獎項不勝枚舉，與客戶接觸的時間長，很清楚知道何種提案會獲得青睞。每一個她提及的案子都是親身經歷，說起來讓人彷彿親臨現場，實證價值高，很有可信度。

我也從她主管的口中得知，她參與的案例數量很多，不像部分譁眾取寵的講者，只靠口才站上台，很容易被識破。

2外型與談吐：老實說，「人不可貌相」這句話我也不是第一次聽到，對於台上講者的服裝、穿著、打扮，多少會有刻板印象。然而，真的這樣穿或是長得好，就會有好表現嗎？我開始調校自己的觀察準則。

3挑戰自己的決心：明明可以兩次比賽都用同一個題目，她卻選擇用兩個不同題目，尤其第二個題目難度高，證明她的確有料。事後看來，第一次是打安全牌，第二次是她真正擅長的，這個題目也為她贏得許多講課的機會。

4口條：我最後才提到口條，可見口條、教學技術，甚或口才、投影片，或許都不是她真正決勝的關鍵。然而，我聽她從容不迫地講話，娓娓道來就像大師在講課，讓人輕鬆愉快專注於內容，更是大有收穫。

就是因為看似沒有技巧，才顯出她擁有夠多技巧，您學會了嗎？

福哥講評

我必須承認，一開始我並沒有看好「珍」，甚至在初階篩選時還主張刷掉她！但是她後來的表現，真的讓我眼睛一亮，甚至對她感到很抱歉（覺得自己眼光怎麼會那麼差），還好最終憲哥力保，給了她發光發亮的機會。

其實別人一開始怎麼看並不重要，重要的是你自己有沒有把握每次上台的機會，在台上達到最佳表現。不管過去經驗有多少，技巧或口才有多好，一旦上場，一定要全力以赴，讓台下眼睛一亮，甚至贏得尊敬！

35 麥克風顫抖，依然贏得滿堂喝彩

跨越心理障礙，克服緊張情緒

身高超過一九〇公分的男生，通常會給人什麼印象？籃球高手？帥？讓人有安全感？

玉樹臨風的講者

小朱，一位人人稱羨的醫師，身高超過一九〇公分，在人群中一眼就能看到他。與他首次見面是在我的生日演講會上，他的話不多，獨自坐在角落裡聆聽演講。

或許是年輕吧，羞澀與靦腆在他的臉上顯露無遺。他說自己有舞台恐懼症，對於上台缺乏自信。我總以為，人若是長得高、帥、美，站在台上就是個亮點，先天優勢再加上醫師的專業背景，怎麼可能缺乏自信？

後來小朱醫師參加我的「說出影響力」課程決賽，勇奪第二名，接著又在我的「夢想實憲家」演講活動中表現精湛，原來缺乏自信只是個「幌子」。

於是，我鼓勵他去參加TED×Taipei徵選，隨後兩次的表現，我才發現他說的居然是真的。

手中的麥克風搖搖晃晃

TED×Taipei決選前一天，我邀請小朱醫師先在我的企業場合中試講，現場三百五十位觀眾無不報以熱烈掌聲，迴盪許久。然而，過程中他頻頻回頭看投影片，難掩高度的緊張不安。

在回程的路上，我跟他聊了二十分鐘，對談中我感覺他的壓力很大很大。

隔天在入圍決選的二十人中，他表現得極為優異，但坐在第三排的我發現，台上的他在發抖，TED的麥克風牌在他手中搖搖晃晃的，明眼人都看得出來。

於是我給他兩個建議：把投影片動畫次數降低、頁數減少，並且想想自己為何上台演講？沒錯，你為何上台演講？小朱醫師的講題是：「安寧醫療照護與預立醫療決定」。演講內容相當專業，小朱醫師提到朱爸爸的故事，台下聽眾很快產生共鳴，再加上應用了福哥針對簡報的建議，小朱在TED年會上的優異表現，有目共睹。

緊張教我們的五件事

至於緊張這件事，從小朱醫師的例子中，我想提出以下五個思考的角度：

1適度的緊張，是避免志得意滿的良方：身經百戰如我，面對新場合會不會緊張呢？會的，一定會的，但緊張解決不了問題。如果能善用緊張的反應，讓自己避免落入志得意滿的險境，便是面對緊張的正確態度。

2為何而戰：如果把TED、參賽、憲哥的場合當作練習演講技巧的場所，那真的是大錯特錯。為何要推廣預立醫療決定？針對臨終前可能遭遇的過度醫療，這個簽署可避免哪些問題？對於家屬而言，協助又是什麼？我覺得只要想清楚這些問題，緊張與技巧都不是那麼重要了。我問小朱醫師，你要說服他人簽署預立醫療決定，你自己會不會簽？他說會。這就是了！對於自己想做的事、認為對的事，有強大的信念支持去執行並完成，我鼓勵他勇敢前進。

3故事為王：小朱醫師在詮釋演講內容的時候，以身為醫師與病患家屬的雙重立場，清楚描述自己所遇狀況的糾葛。尤其是朱爸爸生病時，他與朱媽媽對話的場景，聽者無不動容。這個演講可以很枯燥，也可以讓人感動落淚，端看從「論理」或是「故事」切入，方式不同，觀眾呼呼大睡或掌聲如雷就只是一線之隔了。

4用聲音表情取代念逐字稿：「心中無稿子，就是最好的稿子。」這是我常說的一句話，換福哥的話來說就是：「練到死，輕鬆打。」沒有人上台演講是背稿子的，就算一字不漏地背起來也不會精彩。我建議小朱醫師發揮自己獨有的聲音魅力，我聽過他在我廣播裡的聲音數次，只要穩定地說話，他的聲音就很吸引人、耐聽，有魅力的聲音搭配故事敘事能力，無敵。

5超多的實戰練習：上場實戰練習前，小朱醫師在家裡的練習次數已經不知多少，但實際面對群眾感覺非常不同，觀眾會有表情、動作。大賽前上台面對觀眾試講，對於自己登峰造極絕對是必要的。那幾個月，我帶著小朱與其他講者東奔西跑實戰，絕對是讓他們表現得越來越好的關鍵。

你是否想要登上更大的舞台？挑戰更重要的簡報？面對極關鍵的對象？或是上台講授一堂精彩課程？上述五個思考角度，希望能帶來新的啟發。

福哥講評

在這一篇憲哥寫小朱的故事中，有一件事沒有完全揭露，那就是在正式登上TED×Taipei的大舞台之前，小朱安排了很多上台演練的機會，透過大量的練習讓自己習慣緊張。甚至在準備上TED×Taipei的前一個週末，週六先在我的教室中面對四十人演講，週日再到憲哥的企業演講現場面對大約四百人演講。

發抖當然還是會發抖，但是發抖久了，也就習慣了。

如果你也是容易緊張的人，那麼在上台之前你會為自己安排幾次預演嗎？提早面對緊張，甚至習慣緊張，讓自己即使在緊張狀態下都能有好表現，才是克服緊張的不二法門啊！

36 說自己走過的路

善用「定格」與「停頓」

憲福的課程推陳出新，學員人數也越來越多，素質不斷提升，競爭也變得激烈。學員莫不使出渾身解數，在課堂上爭取好成績，獲得憲福與同儕的認同。這是一件好事，但不當競爭的結果，反而失去簡報或是說出影響力的原意。

名次的意義

某堂課程結束之後，有學員向我反應，他的輔導員暗示他下課休息的時候，可以去對其他各組的參賽者說：「我給你五分耶（即滿分），你超棒的。」以換取對方也給自己好評價，但實際上只給對方較低的分數。我聽到後表明萬萬不可，後幾期修正評分比例，降低同儕的評價從三十%至二十%。

拿到前三名又如何？重點是離開教室的你，能不能展現自己的專業與影響力，這才是關鍵。評分機制是希望激勵學員更投入，有目標觀眾的思維，不是拿來交換籌碼用的。

之後我不但更改評分比例，也不發給輔導員優秀指導獎，目的是讓輔導員覺得這是一項榮譽，並沒有實質的獎勵，只有口頭鼓勵與讚許。

經過改善，後幾期果然越來越上軌道，而我也遇見了張修維。

一〇八二萬次的轉動

張修維，人稱修修，「說出影響力」第二屆的優秀學員，決賽演練的題目是：「阿嬤的手」。當天表現真的不錯，要不是遇見怪物級的選手，我相信前三名一定非他莫屬，可惜最後只拿到第五名。

整體來說，他的演講很能引發共鳴，口條不錯，故事的鋪陳與流暢度極佳，小小瑕疵在我看來瑕不掩瑜。只要在關鍵畫面的小地方稍作修正，假以時日，一定可以攀登更高山峰。

後來到了「夢想實憲家」演講平台。我邀請他擔任演講嘉賓，與另外三位講者一起談談旅行這件事。那三位講者擁有豐富的經驗，海底旅行、職場中場旅行、南美奧運之旅，都是有話題、有哏的好素材。

至於我為何會邀請修修來演講呢？這就要提到他的新書《一〇八二萬次的轉動》，他騎著自行車，完成橫渡歐亞非三洲的壯舉，全長兩萬五千公里的長征，花了兩年的時間。

三十分鐘的演講，他分成三個段落敘述。距離新書出版還有一個月，他巧妙地不講出太多新書內容的哏，又能讓大家對新書垂涎欲滴，確實是很上乘的行銷。

先說一下修修的背景，他捨棄了新竹某知名半導體廠年薪百萬工程師的工作，跑到印度與中國當業務，後來又把這份工作給辭掉。旁人看來都覺得有些可惜，但他心中一句話，道出了許多人不願說出的痛：「我停在同一個地方，打同樣的怪打太久了，雖然我的『金錢』數字越來越大，但是『經驗值』卻停止增加了，更糟的是『智力』和『體力』還呈現下滑趨勢。」

不是嗎？好多人聽了他這句話，心有戚戚焉。

親身經歷＋善用技巧，打動人心

整場演講有了旅遊畫面投影片的加持，讓他發揮百分之一百的功力，然而他進步最多的是「定格技巧」與「停頓技巧」。

這兩個我們在課堂上傳授的技巧，從修修之前運用在「阿嬤的手」的溫情故事中，轉而出現在強烈親身體驗的單車之旅，配合幽默感與觀眾共鳴度的大爆發，將整場演講推上更高的層次。

「我肚子好餓，想起昨晚買的蘋果，背包裡好像還有一顆，在零度的高山氣溫，瀕死的我，彷彿在大洋中捉到一條繩索，欣喜地拿出蘋果，大口的咬下去，這是我這輩子吃過最好吃的蘋果。」

中間停頓三秒鐘。

「咬下第一口之後，手一鬆，蘋果滑到地上，一面是紅到發亮的皮，一面是咬下的蘋果果肉，全都沾滿了泥巴，在四千公尺山上沾滿雨水的泥巴，我的心，從天堂跌入地獄。」

中間停頓三秒鐘。

「不久，我聽到一陣微弱的聲音，『小夥子，小夥子，要喝湯嗎？』我往上一看，距離我大約三十公尺高處，有一位老伯正在對我講話。」

中間又停頓三秒鐘，修修才接著敘述下去。

修修發揮了他精準的說故事手法，加上了我們教過的「定格」與「停頓」兩大技巧，將他在中國大陸從香格里拉騎往舊西域絲路的途中，幾個生死交關的經典畫面，透過他獨特的幽默感，描述得淋漓盡致。台下觀眾隨著他的節奏，一步步聆聽這段驚險的歷程，全場屏氣凝神。

演講博得滿堂喝彩，更加深我對他的信任，陸續邀約他多場演講，並邀請他來上我的廣播節目，暢談新書與更多單車旅遊體驗。

如果你問我：「演講打動人心的技巧是什麼？」

我會說：「說自己走過的路，最動人！」

福哥講評

有一位記者曾經問我：「怎麼樣的故事最動人？」我回答：「自己經歷過的故事，真真實實，才真的動人！」因此，在持續追求各種說話表達能力的同時，是否也該停下來想一想，有沒有擴展自己生命的廣度與深度？唯有生活體驗豐富，才能在台上更有層次豐富的呈現！

37 國文教師站上TED大舞台

善用影像為表現加分

一個高中老師，能不能站上TED×Taipei的大舞台，跟大家分享她的教育理念與實踐？第一次聽到余懷瑾老師談她的故事時，我就知道她一定可以！

余老師是一位高中國文教師，與許多高中老師最大的差別是：她花許多時間，參加各種不同的進修課程，除了強化教學能力，也讓學生可以從活潑的國文教學中，愛上國文、喜歡國文。

我親身體驗過，她將范仲淹的〈登岳陽樓記〉，配合圖卡與視覺化教學，讓台下學生開開心心地就記住文章，並體會深遠涵義與古文之美。多次獲得具指標性的教師獎項，早已肯定她卓越的教學能力。

但是，余老師想透過說話表達的，是另一種更深刻的主題。

一段動人的教學經驗

曾經有幾年的時間，余老師的班上有一位身心障礙的學生，由於反應跟不上一般同學，因此在求學的過程中，經常受到其他同學的嘲弄或排擠。這位同學轉到余老師班上後，儘管學習表現不太理想，但余老師並沒有因此而忽略他或放棄他，只是經常告訴他：「慢慢來、我等你！」這樣子做了一次、二次、十次、每一次……。經過一個學期之後，有一次余老師聽到有同學對這位身心障礙同學說：「慢慢來，我等你！」這時候余老師才知道，她的身教逐漸影響到班上的學生。她想表達的是一段動人的故事，以及背後所代表的「溫柔的等待，是最大的愛！」

故事本身很棒，余老師的親身經歷也很真實感人，但是上台講話時，就是會卡卡的。我讓她練習了幾次，發現最大的問題出在投影片上。沒有投影片時，余老師可以講得非常流暢，但是一配上投影片，就像是被投影片限制住了，綁手綁腳的，很不自在。

余老師看著我說：「我可以不用投影片嗎？」我笑著回答：「當然可以！」接下來我告訴她：「妳思考的重點不是要不要投影片，而是怎麼讓投影片幫妳加分？」

像余老師這樣表達能力極佳、較感性的講者，本來就有能力把一段故事說得很好，就如同一個好演員，不需要布景或道具，也能把劇情演得活靈活現。這種類型的講者經常在配上投影片說話時，會因為需要等待投影片出現，或是忘了切換投影片而讓表現遜色不少。一旦拿掉投影片，他們反而恢復原本精彩的表現。

用影片幫演講加分

不用投影片當然簡單，但重點應該是要進一步去想：「怎麼運用投影片，幫演講加分？」

在幾次演講練習中，我注意到余老師提到一段小故事，描述她的女兒學走路的場景。由於女兒在肢體協調上遇到一些狀況，所以練習了好久好久才學會走路。身為母親的余老師，總是耐心地在旁邊鼓勵，對女兒說：「慢慢來，我等你！」

我問余老師，是否有女兒學走路時的影片。「有！當初因為真的很辛苦，所以我們還特別錄下來。」我點點頭再問：「有可能在這段故事出現時，不需要做過多描述，而是讓聽眾看到畫面嗎？」余老師一聽就懂，馬上點頭回應。

經歷了三階段的評選，余老師最終站上了TED×Taipei的舞台。當講到女兒學走路的過程時，余老師沒用太多言詞，只是按了一下投影片，布幕上呈現出她的寶貝女兒不斷跌倒、又重新站起來的畫面。不需要更多的描述，每個人馬上懂得父母的不捨，以及「慢慢來，我等你」這句話中包含的愛。

余老師在台上表現有多麼動人，只要看過TED×Taipei的影片就會知道。

回到這裡討論的主題：不要被投影片侷限，而是要用投影片來增強表現。每個人的講述風格與表達方式都不太一樣，重要的是用符合自己風格的輔助媒體或投影片，不多也不少地強化台上的表現。這是上台說話時，要做好的一項功課！

憲哥講評

口條、熱情、肢體、語調、外型、信念等是基本功，投影片、影片、道具等是刀劍。如何展現基本功、運用好刀劍，為自己每一場簡報加分？清楚認識自己的優缺點是決勝關鍵。

38 創造深刻的記憶點

「這麼做，你就死定了！」

搭乘捷運時，宗翰想像著自己站在台上，開始演練即將登場的 TED×Taipei 演講內容。「如果你這麼做，你就死定了……。」這個語氣好像不夠好，換個說法：「你就死，定，了！」不行，又太強烈了，不然換成：「你就死……定了！」

他喃喃自語，試著用不同的語調表達「死定了」這三個關鍵字。因為練習得太投入，他沒有察覺捷運上其他乘客投來異樣的眼神，並紛紛與他保持距離，「這傢伙是怎麼回事啊？」

再過幾天，宗翰就要站上二〇一五年 TED×Taipei 的大舞台，傳達正確的火場逃生方式。宗翰是一位專業的消防隊員，進出火場滅火並拯救受困的民眾是他的工作。在過去的消防實務經驗中，他注意到許多的火場事故，受困者原本有機會順利逃生，但因錯誤的逃生觀念，反而讓自己身陷險境，甚至命喪火場。因此他希望透過在TED×Taipei演講的機會，向社會大眾宣導什麼才是正確的火場逃生。

扭轉錯誤觀念

在他一開始準備簡報時，我好奇地問宗翰：「火場逃生的錯誤觀念有哪些呢？」他很細心地告訴我，遇到濃煙時用濕毛巾捂住口鼻逃生，其實是錯誤的做法！（我聽了嚇一跳！以前都是這麼教的。）因為濃煙可能表示是高溫，這時穿越濃煙是極危險的事情。另外，在火災時躲到浴室避難也是錯的！（我又嚇一跳！）因為浴室的門大部分是塑膠材質，無法抵擋火場的高溫，很快就會融化，這時高溫與濃煙就會灌入，讓人無法逃生。此外，遇到濃煙時不往下逃而往上走，這個方法也是錯的！（我已經連錯三題了！）因為濃煙向上的速度，遠遠快過人跑動的速度，而在往上跑的過程中，避難者更有可能被濃煙嗆昏。所以上述這些都是錯誤的觀念。

宗翰接著告訴我，為了讓民眾方便記憶，他把正確的逃生觀念，濃縮成八個字：「小火快逃，濃煙關門」。就是當火災剛發生，若火勢無法撲滅，但還可以逃生時，記得趕快先逃到安全處所，再打一一九通報消防專業人員來滅火。但是若已經看到濃煙湧現，表示外面可能有潛在的高溫或大火。這時要記得把門關上，阻擋大火及濃煙竄入，替自己爭取一些時間，等待消防人員的救援。

聽到宗翰這麼說，我覺得這些實在是太重要了。不過，如果單純以講述的方式來宣導，很多人只會覺得有道理，卻不見得能夠記住。因為聽起來會有些教條，不容易讓人留下深刻印象。我提醒宗翰，應該要想個辦法，創造一些記憶點，讓聽眾完全記住所傳達的重要內容。

舉手問答，創造記憶點

「創造記憶點？」可是，簡報的內容都已經規劃得差不多了，要怎麼創造令人驚奇的記憶點呢？宗翰持續思考著。就是一直在想這個問題，他才會在捷運上自顧自地喃喃自語，忽略了身邊的人群，也沒留意到他人的目光。

到了TED登台的那一天，演講才剛開始，宗翰就接連拋出三個問題，詢問台下聽眾在三種模擬情境下，會做出什麼決定？

「遇到火災，會躲進浴室避難的人，請舉一下手。」

「遇到火災，不能往下跑時，會改為往上跑的，請舉一下手。」

「遭遇濃煙，會用濕毛巾摀住口鼻逃生的，請舉一下手。」

等到大家都舉手表態後，宗翰緩緩地說出：「各位朋友，以上這三種情境，如果您都舉手的話，那麼你就……死，定，了！」

台下聽了一片譁然，大家都驚訝地張大眼睛。

「這些都是最致命的錯誤！」宗翰接著說。剛剛受到震撼教育的聽眾，當然全都聚精會神聽著宗翰告訴大家，什麼是「小火快逃，濃煙關門」的正確救命做法。此時坐在電視機前看著TED轉播的我，也為他的絕佳表現感到開心。Good job！

幾天後，我問宗翰：「怎麼想到這個舉手問答的好點子？」他笑著說：「這本書裡有寫啊！」咦，宗翰說的那本書，封面上那個人好眼熟，不就是我嗎？「我自己都忘了寫過這件事。」話說完，我們都笑了出來。

憲哥講評

一場好演講，好到影音連結在LINE上傳來傳去，連七十幾歲的老爸都傳給我，告訴我不可不知。證實宗翰成功創造了驚人的記憶點，網紅，當之無愧！

39 如何在選拔比賽中脫穎而出？

「自我介紹」與「機智問答」的關鍵

除了從事講師授課，我有許多機會擔任選拔比賽的顧問。

全國傑出店長選拔大賽

我的老東家信義房屋，是全國房仲業的龍頭，近幾年我時常在想：「當年離職要是去同業，或許就沒辦法回老東家上課了吧？」雖然我不缺客戶，但每次回到老東家授課，對我而言是一份榮耀與肯定。

特別是口說能力的教學，即使離職十七年仍能為學弟妹奉獻，我深感光榮。

「全國傑出店長選拔」，是全國連鎖店協會舉辦的選拔活動，屬於業界最高等級、媲美奧斯卡的重大獎項。近年來全國各家連鎖業參賽代表，逐年遞增，如今已突破五百位。先從中選拔出百餘名優良店長，再從優良店長名單中，擇優十五％當選「全國傑出店長」，榮耀之至，可獲總統召見，真的是光耀門楣。

我有四年輔導信義房屋參選全國傑出店長選拔選手的經驗，看過無數歡笑與淚水交織的場景。這群年輕朋友無論當選與否，只要能參賽，就是立下人生的重大里程碑。

我負責針對選拔活動中的口說能力進行訓練，「自我介紹」與「機智問答」兩項是重點，比例占全部分數的四十％，是絕對關鍵的四十％。選拔的評分項目還包括參選資料、創意經營、商圈精耕、神祕客服務、公益活動等，難度之高，服務業的朋友幾乎都知道。

自我介紹怎麼說？

兩分鐘的自我介紹，與其讓評審覺得感人肺腑，我認為倒不如讓評審印象深刻。

例如有位學員洪啟峰，他自我介紹的開場白是：「我家有三個兄弟，三個都在信義房屋服務。我家把所有的資源都壓在這裡了，對我們來說，信義房屋就是我們實現自我的地方。」

一開頭就讓人印象深刻。

我要求我輔導的學員們，當評審喊到自己的名字，開始自我介紹時，要先停頓兩秒鐘，看著評審、保持微笑，定場之後，再說出第一句話。話不要多，目標只有一個：「讓評審忘記同組另外三十位，只要記得您，不譁眾取寵，先說結論，再說細節。」

以往這幾年，這麼做都收到不錯的效果。

還有兩位參賽者陳毓禮與許順吉，他們有著高挑的身材、明亮的外型、陽光般的笑容。我鼓勵他們多微笑，其實在大賽中，不緊張就先得分了。這兩位很容易給評審平易近人、善良親切的印象，近年也陸續雀屏中選。

吸引人的外型、生動的肢體語言、迷人的語調，不可否認初次見面時，能夠讓人印象深刻。如果有此條件，當然應該善加利用；如果條件沒那麼好，還是有其他可以發揮的地方。

快問快答的機智反應

在短短七分鐘的激烈競賽中，扣掉自我介紹兩分鐘，如何讓評審在五分鐘之內認為你是一位有準備、有內涵、又機智的參賽者，我認為「實務經驗」就是關鍵。

此外，參賽者常開玩笑，形容評審都是大魔王，刻意提出尖酸刻薄的問題，例如問曼都的參賽店長：「您們如果遇到禿頭的客戶，會如何介紹產品與服務？」這時除了考驗著參賽者的智慧與幽默感，同時也在測試面對問題的態度。

許多人問過我：「機智問答能訓練嗎？」一開始我也不確定，但四年下來，的確可歸納整理出一些基本原則。以下提供三點建議：

1分點列述：當一個看似複雜的問題出現，在短時間之內完整陳述是不容易的。若先在大腦中，針對回答的內容下兩個小標，例如：「從政府的角度來看，我認為……」、「從民眾的角度來看，我認為……」，這樣很容易讓評審覺得參賽者準備充分，構思縝密，言簡意賅，表達的內容也會清楚易懂。

2案例為王：全國傑出店長與大學教授、政府官員最大的不同是，他們每天都會遇到許多活生生的案例，這其實是一大優勢。若能在短短五分鐘之內，用兩個簡單案例來回答重點問題或比較偏激的題目，肯定能讓評審留下深刻印象。

3評審也是人：我經常擔任大賽評審，有時評審會問到沒有問題可以問，或者覺得下午時段很枯燥，同組進行到尾聲時不免有些疲憊。這時候，參賽者如果能讓評審發現你的幽默感無敵，親切溫暖，游刃有餘，絕對會眼睛為之一亮，打下漂亮的分數。這些都是我這四年輔導學員參賽的觀察所得。

恭喜李育銜、陳帝嘉、魏世芳、李佳諭、張俊達……，全國傑出店長當選人，以及所有當選優良店長的夥伴們，我以您們為榮。一路上披荊斬棘，辛苦無比，只有服務業的王者做得到。

福哥講評

關於自我介紹或是機智問答，最基本且最重要的問題：你有沒有做過考前猜題與考前練習？

不僅在傑出店長選拔賽中需要自我介紹，像是學校甄試、工作面試，還有很多場合也都需要。你有沒有認真練習過，在精準的時間內，完成一段令人印象深刻的自我介紹呢？

考前猜題，雖然不一定能完全命中，但是有練習一定比沒練習好。記得花點時間，猜題一下，練習一下！

40 拯救無趣的演講、簡報與授課

如何讓理解的過程更順暢？

與福哥一起受邀參加日本經營之聖稻盛和夫先生的演講，現場聽眾把台北世貿擠得水洩不通。

一場大型演講的體悟

然而，包括我在內，同一排還有幾位朋友都是在半夢半醒中度過那個下午。

這次之後，我更加理解一場無趣演講帶來的副作用。稻盛和夫先生八十多歲，全程照稿唸沒什麼問題，他是日本經營之聖，無論有沒有聽懂內容，都應該鼓掌致意。

但我覺得匪夷所思的是，走出會場時工作人員發給每人一本演講稿，「一模一樣，一字不漏」。

我不禁疑惑：「為何不一進場就先發給我，或許我可以直接配合著閱讀。」我真的是這樣想的。

回到職場中的簡報場合，是否也曾出現類似的場景呢？

業務季檢討會上，上面講得口沫橫飛，底下低頭回自己的 Email、交頭接耳，甚至還有人講電話。講者發現台下沒在聽，於是照稿唸的也大有人在，形成了惡性循環。每次的季檢討變成大拜拜，你浪費我的時間，我就更想拿回時間的主導權。

企業內部的教育訓練也時常如此，內容艱澀就罷了，請來的老師不但不懂得教學手法，還直接照講義唸，學員不免內心疑惑：「我是不會自己看喔。」或是把投影片直接當成文字檔，密密麻麻的內容讓人看得眼花撩亂。

講師的四種類型

我長年在企業內部授課，我把講師分成兩種：餓死與累死。

或許大家覺得這是在開玩笑，其實是真的。此外，根據解說的能力，還可以再分成四種類型：1把複雜的說得更加複雜；2把簡單的說得更加簡單；3把簡單的說得很複雜；4把複雜的說得很簡單。

其實，只有第四種才是合格的講師。然而，無論是大型演講、季檢討會或是企業內部的教育訓練，都必須把複雜的事物說得很簡單，此時手法、工具、口條、化繁為簡單的能力就很重要。

簡報技巧、投影片、教學方法是福哥的專長，我的專長是化繁為簡，無論是電梯簡報、化複雜為口訣、肢體和語調的精準呈現，都是我們每天在教室裡面對學員時的武功切磋。

化繁為簡的方法

以簡單精要的方式說明，化繁為簡主要有四個方法：

1故事與記憶點：人類對於故事的記憶點，不管是在結構或畫面上，通常比道理或平鋪直述的記憶強得多。一個好故事勝過千言萬語，用說故事取代說道理，是你可以進步的第一個方法。

2先說結論：職場的步調日益飛快，沒有人喜歡聽別人繞圈子，無論是向上報告或是平行溝通，先說結論是你可以馬上精進的方法。

3精準的數字：談話的過程中，若有一到兩個精準的數字出現，可以明確凸顯重點，例如：本公司去年有「很高的成長」與「一三．二%的成長」，哪個說明比較能聚焦與切中要點？

4圖示化的投影片：這是福哥的專長，在《上台的技術》一書中已有深入的說明。根據我的經驗，在許多政府、組織、學校的教學與演講場合中，還是會看到很多複雜難懂的投影片。

回到開頭的例子，高齡八十多歲的稻盛和夫先生來台演講，展現高度誠意，對讀者也非常貼心。如果主辦單位願意多花一點心思，準備五十張左右的照片，搭配簡潔的文字，做成更多以大字流、全圖像、半圖半文字呈現的投影片，我相信效果一定會是原來演講的好幾倍。

例如，稻盛和夫先生一開始說：「我畢業於鹿兒島的某某小學。」這時投影布幕上就出現該小學的照片，儘管聽著日文演說，具體畫面可以幫助現場三千位觀眾，快速進入演講的內容與情境。

逐字的講稿都有了，畫面與投影片的結合能帶來更佳效果，絕對值得再投入一些時間與工夫。

套一句福哥的話：「投影片越好，理解時間越少。」用我的話來說：「投影片就是化繁為簡的重要工具。」若再配上好口條，一定能更上一層樓。

福哥講評

我覺得稻盛和夫先生特地從日本飛來台灣，分享他的經營心法，很讓人感動。但若單純只看演講本身，照著稿子一字不漏地念完，結束再分發已印好的講稿……，也難怪我在演講的過程中，看到不少人進入神遊狀態。

其實也有很多人盛讚這場演講精彩，我只想問：「如果今天念稿的人不是稻盛和夫先生，還會讓人覺得精彩嗎？」也許這個問題可以讓我們思考一下，令人感動的是演講本身，還是演講者本人？

也許當人生歷練到一種境界，也就不需要什麼演講技巧了，不過在那之前，我們還是得好好地修練，讓自己說話更有重點，才更能發揮影響力！

41 真實的課後意見回饋表

十等還是五等，問卷量表怎麼用？

剛結束一個公開班，這門課由憲哥、我以及另外三位不同領域的優秀老師一起合開。課程結束的那天晚上，我就收到助理小鈺整理好的課後意見回饋表。

五等量表比十等量表好

滿分為十分的問卷，大部分學員都勾選十分，也有幾張選了九分，零星幾份圈選了七分至八分不等。五個講師的平均分數，介於九點八至九點一之間，如果以滿分十分的數字來看，應該是很不錯的成績。但我對這個結果不太滿意，告訴小鈺下次要調整滿意度問卷的評量尺度，由十等量表改成五等量表。

「為什麼要改呢？」小鈺有點不解地問我。

「課後問卷的目的是什麼？」我回問她。

「當然是透過問卷調查，得知聽眾或學員對課程的滿意度啊？」

「那知道滿意度之後呢？」

小鈺很快地回答我：「當成下一次改進的依據！」——答案完全正確。

「如果調查的分數失準，妳覺得有效嗎？」我知道這麼說，她可能無法完全理解我的想法，所以接著補充幾個例子，讓小鈺更清楚什麼是調查失準。

我問小鈺：「假設有一天，要我們去當古典樂曲的評審。在這種情況下，你覺得我們有沒有可能，針對不同的古典樂曲做出準確的評分呢？」

小鈺搖搖頭，有點不好意思地說：「我大概只能說好聽或不好聽，評分的話……應該沒辦法。」其實不僅是她，連我也沒辦法，因為這不是我平常接觸的專業。

「那一篇文章呢？如果要我們對一篇文章的好壞來評分，有辦法嗎？」

小鈺點點頭，因為雖然不是專家，但一篇文章寫得好不好，我們大致上能夠判斷，例如，文句是否通順？結構有沒有邏輯？內容充不充實？情感夠不夠真誠動人？我們從閱讀的訓練與經驗中累積了足夠的評估標準，有能力可以分辨得出一篇文章是寫很糟、不好、普通、好或是非常好。

如何避免調查失準？

「所以，我們越熟悉一個主題，才越能夠仔細地做出精密的評估與評分。」像古典音樂這個領域，一般人大概只能說出「好聽／不好聽／沒意見」三個等級。如果是比較大眾的主題，像是一篇文章寫得如何，或是一個課程教得好不好，一般人應該可以再區分出「很好／好，或是不好／很不好，以及沒意見」幾個等級。

如果評估的等級越多，要不就是評估者對相關主題具備專業素養，可以區分出極為細微的差別，要不就是有標準答案，譬如十個題目中答對了五題，在這種情形下，才能用十分等級或更高等級的評分模式。

我告訴小鈺，像是課程好不好這樣的感受評量，還是以五等量級數的問卷來評量，才能得到更真實的意見回饋。雖然關於量表的設計及評量，還可以做更深入的學術探討（這其實是我在讀博士班研究方法時，指導教授方老師曾在課堂上提出的討論教學），但如果是一般課程調查的運用，相信透過上述說明應該就能理解。

小鈺點頭表示了解，我接著說：「當然量表的分數只是用來參考，還要進一步蒐集學員真實的意見，才能夠有更好的改進依據。」

聽懂了之後，小鈺回應說：「嗯，就好像一個不準的磅秤，不能拿來當作減重的參考，是不是這個意思呢？」噫？這個說法……怎麼感覺好像有點影射啊！

憲哥講評

本書敘述的故事都是真實的，當然包含本篇。

別再說念書無用了，我在研究所學到的研究方法，福哥就實際應用在日常工作中。

第四章

千萬講師激發你無窮潛力

42 精益求精，提升上台的技術

觀察、記錄、不批評

一次在 TED×Taipei 的現場，巧遇很多上「專業簡報力」的學員。大家除了來聽精彩的演說，也來學習更好的上台表現。休息時間，永慶提出一個很好的問題：

「在上完『專業簡報力』之後，我覺得自己已經有很大的進步，但怎樣才能持續進步？有沒有什麼更好的方法？」

永慶是公司勞工安全衛生主管，平常有許多機會站在台前，對同事宣導勞工安全知識及注意事項。過去的他，總是習慣把一大堆法條或規定貼在投影片上，不管台下吸收得如何，只要講完就好了。經過這一陣子對簡報技巧的學習及修練，現在他站在台上簡直變了一個人！不僅表達技巧突飛猛進，投影片也越做越好。每次簡報結束，總是得到台下讚許跟讚美的眼神，大家都覺得「實在太厲害了！講得真好！」

但這些並不是他最想聽的，他希望能得到台下真實的回饋，看看還有什麼要改進的地方，哪些他做得不夠好，未來可以再加強。但是每次他問同仁，同仁都只是笑著說：「你真的已經很厲害了，沒有什麼要改的啊！」面對這樣的回答，他除了感謝，也不知道該說什麼。到底要怎麼做才能讓自己更進步呢？帶著這樣的疑問，他來問我的看法。

簡報精進三步驟

「你要能夠看清楚自己，才有辦法不帶批判的眼光，達到更好的表現。」面對這麼濃縮的一句話，永慶搖搖頭表示不大理解。

「就以你目前的勞安工作為例，如何讓工廠的作業流程，改善得更安全呢？」我問他。

面對自己熟悉的主題，永慶很有把握地說：「就是檢討每個流程的環節，看看哪些地方可能有潛在問題，找出來之後，用更好的方法或流程取代。」

我點頭並繼續問：「那是不是改善一次後，就沒問題了？」永慶馬上回答：「當然不是，這件事要持續追蹤，持續改善。一直做，才會越做越好，越改越優。」

我回問他，如果把這樣的態度，套用在上台技術或簡報的改善呢？我建議採取類似的三個作法：

1 觀察表現

先觀察自己表現得如何，才知道哪裡需要改善。一開始可以考慮把上台的表現錄音或錄影下來，事後觀看會發現更多的細節。例如在台上無意識的小動作，事後回看便能明顯察覺。當然，如果有可以信任的夥伴或教練，用第三者的角度來觀察，也許會更有收穫。

當經驗更豐富、壓力沒那麼大時，就可以同步留意自己在台上的表現，提醒自己記下每個段落用了多少時間，分配是否妥當。注意觀眾對於重要部分的反應，效果是否符合預期。

不論是自己觀察、第三者觀察或是利用工具記錄，唯有面對自己的真實表現，才能找到改進的依據。

2 記錄表現

「再淡的墨水都比記憶深刻。」如果有可能，在上台的當天，最晚隔天，回想一下自己的表現，並且記錄下來。我的習慣是：先給一句總評，為自己的表現打個成績；接下來記錄做得好的地方，以及什麼地方可以做得更好。如果要再仔細一點，可以記錄每個段落的重點，花了多少時間，觀眾的反應如何。一面回想一面記錄，未必要很有系統或制式化，主要是當作未來上台的一個參考。

等到下一次上台之前，回頭看一下相關記錄，馬上能回想起之前的情況，並基於先前的經驗，持續改善。

3不帶批評，讓自己更好

這是最重要的一點！有些人會帶著批判的態度，來面對自己或別人的回饋要求，「你的問題是……」「這次有幾個缺點……」「這次在哪些地方做得不好……」。但也有許多人無法指出他人的問題或缺點，畢竟沒有人喜歡當壞人，只要說「好棒棒！」鐵定不會尷尬。即使由自己來進行事後回饋，內心不免也會閃過念頭：「我已經很認真準備了，幹嘛這麼嚴格啊？」

其實只要把心態調整好，了解這麼做的目的不是為了批評，而是為了讓自己下一次表現得更好，就能夠坦然客觀地面對。每個人都還有下一次上台的機會，對於表現好的地方給予鼓勵，並找出可以繼續進步的空間，下一次試著修正它。不是要批評自己或別人，而是透過這樣的檢核與思考，不斷自我成長。正面的態度可以避免事後檢討的負面情緒，反而會期待藉由回饋，讓未來表現得更好。

透過這樣的說明，相信永慶能了解持續檢討、改善的概念與做法。也許每一次上台時，身邊不見得會有老師或教練提點，但是如果能夠有意識地觀察與記錄，而且是不帶批評的目光，就能達到精益求精的目的。隨著上台經驗的累積，一定能表現得越來越好。從永慶提出這個問題的積極心態，我相信他一定做得到！

憲哥講評

福哥厲害的地方，就是因人而異的教學。

他常在課堂上說：「不錯，就是『不』，加上『錯』。」在公司，一旦位高權重，沒有人會說你的簡報有問題，往往只會聽到：「您的簡報真是精彩極了。」但私底下卻批評不已。

想得到真實回饋嗎？來找王永福吧！

43 打開新視界，看到新世界

角色互換的「教、學」體驗

當初看到琦恩的報名資料時，只是覺得好奇：「潛水教練為什麼需要來上簡報課？」後來才知道，他可不是一般的潛水教練，他是華人少數擁有PADI最頂級潛水證照——白金課程的總監，也是CASIO潛水錶的年度代言人。他上台時，口語表達極佳，投影片製作精美，一看就知道是經常上台說話的。進一步詢問後，發現他已經當潛水教練十七年了，教過兩千名以上的學生。這麼有經驗的教練，為什麼還需要來上課呢？

上岸學習教學技巧

「我想進入新世界，打開新視界。」琦恩說。原來他在長期的潛水教練生涯中，已經熟練到了不管是哪一種潛水課程，從最初階的開放水域潛水執照，到高階的潛水教練認證課程，他都不需要再備課都能教完相關課程。雖然學生都給予不錯的評價，但是他總是想著：「除了這樣，還有其他的可能性嗎？」帶著這樣的想法，琦恩來到我們的教室。

真正讓琦恩驚訝的其實倒不是課程本身，而是有一群努力向上的學習同好，包含了各領域，如醫師、工程師、企業主管、自行創業者等等。大家明明程度都很好了，仍然持續不斷進修，希望進一步強化自身能力。在課堂上每個人都非常低調謙虛，上台之後就是火力全開，熱力四射。這些來自不同領域的夥伴，讓琦恩眼界大開。「原來還有這樣的強者啊！」課程講師也都兢兢業業，不論教了多少次，還是把每一堂課程當作第一次教課般用心準備，也當作最後一次上課般全心投入。「原來教課可以達到這樣的境界。」琦恩積極吸收新的知識與技巧，並把它們轉化成自己再次成長的養分。

下海學習潛水技術

其實不僅是課程影響了琦恩，我自己也深受琦恩的影響。在聽了幾場關於潛水與海洋的簡報後，我決定請他教我潛水，並上報考潛水執照的課程。（簡報的核心是說服，從這個角度來看，琦恩的簡報效果卓越！）

於是，我們兩人身分互換，教練變學生，學生變教練。我又重新用學生的角度，來看教練教學技巧的展現。面對深水及海洋，我與其他學員完全不知道接下來會發生什麼事，甚至會有點擔心。琦恩一開始就告訴學員整天的學習目標，讓我們能安心地吸收。接下來學習的每一個動作，例如設備組裝、面鏡排水、水下問題排除等，他都先清楚地解釋每一個動作細節（說給你聽），然後示範（做給你看），最後再請我們實際操作一次（讓你做做看），這些我們在課堂上指導過的企業內訓教學技巧，運用在潛水教學上也收到同等的好效果，一點違和感都沒有。

在泳池學完所有的技巧後，我們換到真實的場域——大海！在真正的汪洋大海中再次練習所有的動作，這時琦恩展現了好教練（以及好講師）都會有的特質：在安全無虞的狀態下，讓學生放手去做，甚至嘗試錯誤，最後再檢討修正。在他的帶領之下，我們慢慢地將技巧內化，可以不用手忙腳亂，而能輕鬆享受潛水的樂趣。看著從口中吐出的水泡一顆顆聚集在一起，然後慢慢上浮，與身邊悠遊的熱帶魚一同徜徉大海，這時才發現我進入到一個新的世界，打開了一個新的視界。

出水後，我告訴琦恩：「教練你超會帶的，謝謝你帶我認識潛水的新世界。」琦恩也對我笑一笑：「福哥，我也要謝謝你，帶領我打開自己的新視界，看到另一個新世界！」

憲哥講評

在陸地，憲福超強；在海洋，琦恩超猛。

我第一次看見琦恩上台時，他稱自己為「石化人」，台上肢體僵硬，表情凝重，其實跟我們在水中學潛水差不多。

然而琦恩帶給我的最大學習就是：「同行不是冤家，異業可以為師，好老師一定是位好學生。」憲哥期盼大家「在陌生領域學習謙虛，在專長領域學習綻放」，相信你一定可以不斷複製成功經驗，海陸都能游刃有餘。

44 雙腳跑出世界，開口贏得世界

善用個人特色，發揮無敵感染力

在你心目中，一場好的演講有哪些特徵？流暢的肢體語言、動人的語調、吸引目光的投影片、充實的內容、堅定的信念，還有親切的微笑與自然的表情？胡杰，他都有了。

跑出全世界的男人

他是跑步跑出名的男人，跑出影響力的跑者。

相較於台灣以超馬、極地、持久、艱苦、美貌、辣媽為特色的眾多跑者，胡杰傳遞的跑步氛圍是職場與快樂，歡笑與人生，以及你我都可以做到的共鳴點。

自從我推出「夢想實憲家」演講平台，以及講授簡報課程多年，親眼見證上百位的超級講者，胡杰讓我印象極為深刻。

一個初春的晚上，胡杰與另外兩位講者抵達現場，準備稍後的演講。眼見其他兩位講者開始與觀眾握手寒暄，胡杰顯得低調許多。我招呼了他，請他坐在我隔壁，他淡淡地問了我一句：「憲哥，時間多長？」

「四十分鐘，你自由發揮，輕鬆就好。」

胡杰：「我最會的就是放輕鬆。」

「哈哈哈！」

演講開始，胡杰的腳始終停不下來，他的膝蓋好似裝了彈簧般輕盈，時而蹲下，時而上跳，一派輕鬆的樣子，我心想：「這樣的講者，可能講不了太長的時間吧？」

沒多久，他啵亮的額頭上都是汗水，吹得又高、髮膠又多的頭髮有幾根已經開始飄散，渾身是勁的演講動能，讓現場嗨到爆。讓觀眾時而寧靜、時而大笑是他演講的特色。

投影片很精彩是無庸置疑的，不過他還是時常回頭看，甚至忘記投影片內容、按錯頁數、跳太快，或是忘了按下一頁，但你完全不會用一般標準去衡量他的簡報或演講，因為特色決定一切。

跑者與講者的特色在哪裡？

如果以一般演講標準來衡量他，無疑是對他最大的諷刺。若用歌手來比喻，他鐵定是一位與眾不同的歌手，而且他的專輯就是會熱賣。

想到跑步，你會想到什麼？

爭奪獎牌？關門前一定要跑完？累死人不償命？一種無聊的運動？孤獨又寂寞的自我挑戰？拚死拚活跑贏別人？團隊競賽？就是要比誰跑得快？

胡杰創辦的「街頭路跑」，宗旨剛好相反，你只要跑得比烏龜快一點就好，不比快只比慢。每周一次帶著大家用手機軟體，跑出一個有趣的 Nike app 地圖圖形，並且號召許多上班族跑者，用一個晚上的時光與其他愛好者一起跑步同歡，手持棒棒糖，發給路上的陌生人，分享歡樂，傳遞愛。

或許你會問：「這跟他的演講有何關聯？」

跑步之前，胡杰都會事先探勘路線，每一條他都親自跑過，他是整個活動背後的推動者與執行者，而演講的特色正在於，他可以輕鬆說出每條路線當天發生的大小事，以及感人的點滴故事。

「成名在望：這一條是全台北市開出頭彩最多的投注站，我們一定可以賺大錢。」

「贖罪之路：這一條是台北市最多宗教據點聚集的街道。」

「這一條是超人圖形」、「這一條是生日蛋糕」、「這一條是中秋節的玉兔」、「連陳彥博這麼有名的人發棒棒糖，都會被路人拒絕，我們市井小民怕什麼？」

一整晚的演講充滿共鳴、歡笑、療癒和解放。演講結束，台下報以熱烈掌聲，換我上台收尾主持轉場時，淚水奪眶而出。

眾人都在笑，為何我獨哭？

胡杰說：「謝謝大家。」就在這一刻，我的眼淚像關不住的水龍頭一樣，奔流而下。腦海中閃過一個念頭：「為何他的演講如此感人？」

「我們到底靠什麼東西打動人心？」

華麗的投影片？有趣的互動設計？妙哏、笑話、表情、動作、語調？好像是，也好像不是。

回家的路上我不斷重播當晚的演講畫面，我想我找到了答案：「我在胡杰身上看見了自己，一種對演講全力以赴、忘我投入的自己。」

我是被自己感動了。

當我上台收尾致詞時，透過淚水，我看見他飄散的頭髮、滿臉的汗水、綻放的笑容、生動的表情，欣賞著他不按牌理出牌的演講風格、親身經驗的故事、打動人心的共鳴。他說出了職場工作者點點滴滴的辛酸與苦楚，那些日積月累急需尋找缺口的無奈情緒，全都在他的街頭路跑演講中找到了答案。

你問我那是什麼？

無敵的感染力吧！

經過生命淬鍊後的四十分鐘演講，無敵！

個人特色，無敵！

你是誰，比你說什麼，更重要！

只有親自跑過，才能說得動人。

福哥講評

在花蓮的一場演講中，我也跟胡杰一起上台，我的感想是：「熱情無敵！」那是一種極致的投入，已經不是單純的演講或簡報，而是以燃燒自己的態度，去感動身邊的每一個人。他不是在表現一場演講，他是真心想要讓你愛上街頭路跑，希望你能夠受到感動，跟著他一起跑！

如果你對自己所分享的主題，也能達到如此確信、如此熱情的境界，那麼台下聽眾一定會被你感動的！

45 從素人到台上的一顆星

發揮天賦，傳播溫度，綻放光芒

一句「洪荒之力」、「藍瘦香菇」都會爆紅，網路時代還有什麼事情不可能？

素人，無遠弗屆

素人脫口而出的一句話，馬上成為流行語，這是否象徵著在網路世界「真誠」才是王道？許多爆紅的直播平台，也都是素人當道，用淺顯易懂的語言，展現小老百姓真摯、不假修飾日常生活感受。

這絕對跟隨便說說不太一樣，而是言之有物，自然展現自我，真誠、有內涵，這些都讓我想到「仙女老師」。

余懷瑾老師，萬芳高中國文教師，人稱「仙女老師」，獲獎無數，包括「全國 SUPER 教師評審團特別獎」。她的教學能量與熱情，已獲得高度認可。

第一次見到她，是在我的售票演講場合，而首次的互動是在花蓮門諾醫院的公益演講上。我們合拍了一張照片，聊上幾句，沒想到彼此在未來一、兩年的緣分會這麼深。

她跟我談起她孩子的狀況，讚賞我們的公益演講。起初我以為是恭維的話，但是想到她大老遠從台北內湖跑到花蓮來聽我們演講，絕對不是場面話而已，她的微笑與回應讓人感受到一股發自內心的溫度。

當天花蓮門諾醫院的演講活動讓普悠瑪號更加一票難求，仙女老師展現了熱情，也讓我看到她在台上的潛力。

點亮講台的一顆星

在福哥的「專業簡報力」課程中，我第一次看到仙女老師的簡報，比起其他人，她的投影片算是普通，但絲毫不減損她的威力與影響力。她用簡單的形式搭配一支影片，時而溫柔、時而強悍的語言，讓觀眾對她留下深刻印象。

當天我就鼓勵她，參加 TED×Taipei 的公開徵選。

到了「說出影響力」的課程，就是我與她「正面交鋒」的時刻。我發現仙女老師屬於舞台上的比賽型選手，要她比賽前交作業、錄音、投影片，時常看到還不夠到位的成品，但是只要她一上台，整個人頓時亮了起來。

從「專業簡報力」到「說出影響力」都是一樣的情況，仙女老師的專長在舞台，她到底有何種舞台魅力？

1 **服裝：**吸睛的服裝，明亮的顏色，搭配短裙、高跟鞋、美妝，輔以親切的笑容，還沒上台就已經是全場最大亮點。

2 **表情：**臉部表情非常生動，肢體動作自然活潑，非刻意模仿或是演練出來的，讓全場觀眾一看就著迷。

3 **語言：**通俗的日常語言，就像與好朋友談話一般，但是關鍵的金句與重點內容，又能詮釋得絲絲入扣，或許與她高中國文教師的專業背景有關。有時她甚至出人意表冒出

「F」開頭的字眼，跟我的「吃X便」有異曲同工之妙。

4功力：開場的「why me」非常強，獲獎無數的高中國文教師身分，凝聚出一股超強氣勢，就算忘詞也是自然表現，就算投影片記不得也絲毫無損，總是能夠借力使力，渾然天成。

5溫度：仙女老師是一個「有溫度的人」，爽朗正直，有內涵，還很會自我調侃，台上光芒萬丈，台下低調謙虛，很受人歡迎。認識她的人都會覺得「仙女老師」名不虛傳。

天仙下凡，還可以更上一層樓

我跟「仙女老師」同台算算也有五次，她五次的表現都很好，而且有越來越好的趨勢。每當她開始講起與古文有關的內容，台下不但沒有睡著，還全部活了起來，簡直就是古文教學的驚世解藥。

這樣天仙下凡等級的講者，還有什麼需要改進的地方嗎？我會給她三個小小建議：

1輕鬆，還可以放得更輕鬆。「大巧不工，重劍無鋒」，不是不要準備，而是從演講結果開始回推到之前的準備，過程中都要放輕鬆。王牌救援投手上場前，絕對不會還在翻閱棒球大全。或許到了那一天，到達王牌救援投手的境界，能夠享受舞台，享受天賦帶來的光彩與自信。

2忘掉獎項，就會得到更多獎項。

3無論在高中校園或是企業，都有發光發熱的機會。只要適度調整戰場與舞台，誰敢說不能登上更高、更美的殿堂呢？

福哥講評

第一次鼓勵仙女老師挑戰TED×Taipei舞台時，她自己一直說：「不可能，不可能，我只是一個平凡的高中老師……。」沒想到這位自稱平凡的高中老師，最後不僅登上TED×Taipei的舞台，還獲得當天持續最久的熱烈掌聲。

每個人都是不平凡的，每個人都有動人的故事，端看我們怎麼表達，怎麼讓自己的動人故事也感動其他人！

46 面對千人演講，掌握幸運人生

麥克風加上信念的威力

她還沒進來教室之前，早已久仰大名，進來那一刻，才發現她的與眾不同。

上課穿涼鞋的網路神人

不是我，是她。

我對她的第一印象是：獨樹一格的個人風格，看一眼就不會忘記，她是 Xdite，鄭伊廷。她的豐功偉業，只要去 google 就可以知道。莫拉克風災時，她寫出整合救災支援的系統軟體，幫助政府第一時間投入救災，網路上的代名詞是 Xdite。

根據福哥的描述，「她看書，三秒鐘看一頁，翻書比翻臉還快。」雖然是一句笑話，但有福哥拍的影片為證，她用平板看電子書，一目十行，過目不忘。她自有一套獨特的閱讀方法，能記住關鍵字與段落意念，的確是高手中的高手。

她在網路上有許多不同的評價，讓我對這號人物不免有些好奇。一個有品牌的網路大神，司空見慣，但是她要來跟我學說話與授課技巧，該不該收這位學員呢？

其實我只考慮三秒鐘就答應了，原因無他，只要是挑戰，我都願意接受。

麥克風要傳達什麼？

聽 Xdite 的課前錄音帶，發現她是一個很有想法與觀點的人，陳述時的論點很清晰，但是架構稍嫌鬆散，語調的強弱不明，情感的投入稍嫌不足。我在記事本上寫下幾個字：「針對分點列述與情感表達給予指導，保留個人特色，不需要大幅調整，有潛力更上一層樓。」

在課程當天，她很積極投入小組討論，不時與他人互動，並且樂於貢獻自己的意見。整體來說，她是一位謙虛、學習意願高的網路大神級人物。

她也提出個別問題：「憲哥，我說話一團亂，論述節奏有問題，有辦法克服嗎？」

「妳先運用一個事件，加上兩個看法的『1＋2法則』，並適當加入個人經驗與案例，現場演講就可以很精彩了。」

比賽當天，她用自己的免持麥克風與擴音系統，展現強烈的企圖心。最終，她拿到了令自己意外的好成績。看到她的進步，我真心為她感到高興。

麥克風加上信念，可以改變世界。然而，大多數人想擁有麥克風，卻缺少要傳遞的信念，Xdite 剛好相反。技巧不足都有方法可以克服，然而信念不是三天兩天就能夠培養出來的。

大舞台來了！

Xdite 受邀參加了中國大陸舉行的第六屆「做自己論壇」千人演講，我看到她更大的改變。演講中，她談到如何掌握幸運人生，千人現場鼓掌三輪。

Xdite 認為這場演講成功的因素就在於，十八分鐘的演講只講兩個重點，而且破題如剪刀、結尾如棒槌。經過她的同意，在此分享她的登上大舞台的準備方式：

- 比照「說出影響力」的作業規格，認真準備內容與製作投影片。
- 依照憲哥的講義，再三調整演講結構。
- 找班上同學當聽眾，把演講練到十八分鐘正負二十秒，再針對爆點修飾調整。
- 帶著 ipad 持續練習。
- 觀察現場其他講者的通病，自己再予以修正，並且避免。
- 重金請台北的髮型師，飛來北京協助打理髮型。

由此可以看出，Xdite 的持續練習以及對準演講目標的決心十分強烈。當然除了技術層面以外，我認為她真正脫穎而出，並有好表現的關鍵，仍是她獨一無二的觀點，以及獨樹一格的說話方式。當觀點夠強大，風格夠獨特時，技術就是幫助她登上最高峰的一股助力了。

福哥講評

除了「特立獨行，活出自我」的特色外，很少人注意到 Xdite 會很有策略地把事情做到頂尖！像她參加 Facebook 的 Hackathon 大賽，也是一開始就分析清楚，哪些重點是比賽決勝的核心？現場有什麼限制？要掌握哪些關鍵？最後靠著天分、努力，以及有策略地投入，她拿到當年比賽的世界冠軍。

如果你在某些領域已經極有天分，你是否也會像 Xdite 一樣，花時間改善自己的口語表達能力？當機會出現時，讓自己一切準備就緒，上場就擊出全壘打！

47 透過麥克風，讓社會更美好！

發揮口說魅力，利他又利己

鄭小美是男性，小美是外號。

他是我的課程經紀，我們認識六年了。他看過我百堂以上的現場課程，他常說：「哪天憲哥遲到，我勉強應該可以上去代打一小時。」不過至今我都沒讓他有可趁之機。

模仿是第一堂課

二〇一四年初，我出版《職場最重要的小事》一書，與何飛鵬社長有場 40-50-60-70 的論壇演講。原定七年級代表臨時出差到馬來西亞、新加坡，當晚立刻決定由鄭小美上場代打。他穩重的台風、論點清晰的口說能力，在觀眾有四百人的大型座談中，獲得滿堂喝彩。

他不僅擔任我的課程經紀，我還與他以及另外兩位朋友合組「憲上數位科技」，開創「憲場觀點」這個論壇平台。

就是這麼一個三十出頭的年輕人，讓我非常崇拜。我做不到的事，有人能夠做到，就值得我崇拜。鄭小美到底做了什麼事呢？

無論颳風下雨，或是工作忙碌的高峰期，他每天晚上跑步至少五公里，連續五年，不曾間斷。這讓他維持身材得宜，體力充沛。

此外，他安排的客戶拜訪量十分驚人，每天都在客戶的辦公大樓、教室、捷運、計程車與自己的辦公室之間來回奔波。我看到他，就像看到年輕時的自己。

正因為我們時常相處，他把我的課程用哏、鋪陳節奏、氣氛掌控、授課技巧觀察得鞭辟入裡，模仿得唯妙唯肖。

我常跟同學說，口說能力的第一堂課就是：模仿。

不妨觀察影視、戲劇中偶像的說話方式，或是在生活、工作環境中鎖定一個自己欣賞且能夠學習的對象，就從模仿開始。模仿之前可以先分析一下，為何這號人物說話能夠引起共鳴，或是笑點滿滿，然後開始揣摩並仿效對方。

我念高中的時候，十分著迷各種運動與球賽。晚上睡覺前，會躲在被窩裡模仿體育主播在瓊斯盃籃球賽的轉播實況，或是美國開打的三級棒球賽的賽事報導。這種模仿練習不但讓我養成控制說話的節奏，也試圖營造人生的第一個夢想：坐上播報台，成為新聞主播。

雖然大學聯考國文考得不理想，但也從未抹煞我對於上台說話的強烈渴望。

找到自己的風格是第二堂課

模仿久了，終究只是模仿，「你是誰，永遠比你說什麼更重要。」想找到屬於自己的說話風格，就必須大量練習，並累積足夠的失敗經驗，而且懂得從中學習。

鄭小美若是時常模仿我，很容易一眼就看得出來。根據我從旁觀察，他有自己的想法，對於許多議題能夠提出觀點。有一回我在電台節目中訪問他，他分析了台灣講師的四種類型，並以四個象限來闡述，就很有獨創性。

每天都跟名師們一起工作與學習，有機會快速成長。在市場激烈競爭的環境中，他總有辦法彎道加速，引領風潮。

現在鄭小美開始接一些演講，上台表達自己的看法與觀點。我始終認為，演講本身不是什麼太偉大的技巧，技巧可以透過學習與練習獲得，重點是對於特定議題要有獨到見解，有心站出來發聲，找到適合的舞台與觀眾，人人都能說好一場演講，並發揮無遠弗屆的影響力。

若還有機會更進一步指導他人，結合麥克風與信念，透過上台將能讓我們的社會更美好。衷心期望更多像鄭小美一樣有想法與理想的人，多多展現自己的口說魅力，達成利他，也能利己的終極目標。

福哥講評

很多人常會給年輕人貼標籤，「年輕人就是……。」你願意被貼上標籤嗎？還是你會用自己的表現把標籤撕掉？

從模仿到創新、從台下到台上、從聽眾到講者，小美一直用他自己的表現，撕掉所有對年輕人既定刻板印象的標籤。年輕，可以很優秀！

只要夠自律、夠努力。相信他可以，你也可以！

48 自我修練與快速升級

「練到死，輕鬆打」怎麼做到的？

有時我真不知是我們影響了她，還是她影響了我們？

飛不停的低價講師

我們身旁有許多奔波兩岸的講師，如果大陸市場真的很好，也不需要經常往返，常年旅居大陸就好。

小卡偏偏不屬於這種。

剛出道的講師，總是有機會就接。大陸的市場大，常去也無可厚非，問題是價格不高，加上旅途安全堪慮、舟車勞頓，身為朋友總是叮嚀再三。

有一次小卡要飛大陸之前，跟我們在車上聊到大陸市場的經營，我們都勸她將重心移回台灣，但問題是：台灣的競爭激烈，她有優勢嗎？

「超級簡報力」是我進一步認識她的機會，雖然第六名的成績不用拿來說嘴，但是她的認真投入，令人印象深刻。

教育相關科系背景的她，對於製作教材很有一套，儘管不是每項教材道具都能擄獲學員的心，課程設計的主軸才是關鍵。她總會將出色溝通力中「藍金綠橘」四種重要人格特質，透過影片、案例、遊戲、古今中外名人等，搭配教具與教材，發揮得淋漓盡致。

我不敢說她能在大陸闖出什麼名號，但借力使力，將自己的優勢發揮到極致，將缺點透過有效的方式盡速彌補，這是我對小卡這幾年的努力有小小成就的觀察。

關鍵課程與修練升級

我認為新進講師一直瘋狂上課學習未必有用，一窩蜂搶進某些課程，卻沒有仔細探究自身需求與未來的應用，尤其是一些含金量高的課程，學到的技巧若沒有機會派上用場，就只不過是一次絢爛的煙火秀罷了。

如果仔細思考過，確認課程品質與高含金量的內容能幫助自己快速升級，付出「相對低的成本」就能攀上巨人的肩膀，這條學習之路就值得嘗試。

「說出影響力」成為小卡翻身的重要課程，不是這課程多厲害，而是她自我修練的過程。一個七分鐘談到她幼年時期差點遭遇性侵的故事錄音檔，我從第一個版本一直聽到第四個版本，據她表示，中間大約還有二十個不同的版本沒傳給我。

從說話的語氣、氣氛的拿捏、節奏的掌控、畫面的陳述、聲音的呈現、台語的腔調、喊叫的聲音等，她來回錄了近五十次，只為求得一個最好的版本。整個過程中，她的輔導員更是不厭其煩的給予她意見。

小卡陷入撞牆期時，我正在瑞典出差，從馬爾默人行徒步區的街道上跟她通了一次三十分鐘的電話，提供的並非技術指導，而是信心的強化。我認為過於鑽研技術層面的小細節，很容易忽略故事所要傳達的初衷。

小卡：「輔導員學長說我的聲音像是A片女主角。」

我：「因為妳太想凸顯這一段了。」

「那該怎麼辦？」小卡緊張地問。

「傷痛到說不出話，會是什麼樣子？」「不說出來的才讓人感動，」我回答。「妳本來就很不錯了，為何要這麼在乎每一個細節的雕琢？妳應該要思考的是帶給觀眾的整體感受，以及留在觀眾記憶中的關鍵畫面，不是嗎？」

三十分鐘的對談，我就坐在異國的大街上，身旁盡是熙來攘往的路人。

「練到死，輕鬆打」的天平

掛上電話那一刻，我深深覺得小卡精益求精的態度很像福哥，嚴苛的自我要求更是令人激賞，不過「放輕鬆」才是我要求她去做的。於是小卡就在「練到死，輕鬆打」天平的兩端來回擺盪，彷彿是我跟福哥的縮影，深刻又鮮明。

就在第三屆「說出影響力」的課程中，她與另外十八位高手切磋過招，超乎預期地奪下冠軍。

回顧小卡的奪冠歷程，可以總結以下幾點：

1 故事本身的真實性與震撼力來自人生體驗，難以透過技術補強。

2 發自內心想要傳達重要訊息的信念夠強大，強大到願意克服種種障礙。

3 尋求各方意見與協助，包含聲音老師、書籍、輔導員，也包括我。

4 所有演說的技巧都像胡椒粉，只是調味料，美味的源頭來自食材。

5 精益求精的態度與嚴苛的自我要求，絕對是攀登高峰照亮最後一哩路的明燈。

福哥講評

「沒有時間，就要有經驗；沒有經驗，就要有時間。」只可惜大部分的人既沒有經驗，也沒有時間，卻希望能有奇蹟發生，好像某一天自己會突然打通任督二脈，在台上功力盡現，流暢表現！

「沒有奇蹟，只有累積。」從這一個故事中，可以看到一段精彩演講的背後，花了多少準備跟心血。當然，在「練到死」與「輕鬆打」之間要如何拿捏？還是靠每個人的理解與智慧了。

49 B咖到A咖的變身術

不再「講很多」，而是「做更多」

你自認為是A咖，還是需要別人來說的那一種？

一山還有一山高

有些稱謂聽聽就好，大神、神人、大師、天王、金牌……，千萬不要太當真，越是當真，越容易陷入相互比較的深淵。

不相信嗎？假設邀請美國小聯盟3A的球員到台灣打棒球，我相信打擊率或是自責分率都會是聯盟頂尖。難以想像的是，這些頂尖球員可能都在等一通登上大聯盟的電話，而持續加強苦練中。

機會或許一等就是十年，等到年老力衰，錯過青春歲月，大聯盟永遠是個夢。這群資質優異的球員，就看能否遇到願意指導他的好教練。

在某次講師訓練課程後的示範教學賽中，我評定Peter講師為B級。他一直耿耿於懷，甚至事後多次找我討論評價的理由。此時的他，授課經驗豐富，打滾各社團、民間機構、政府單位、學校，早已摘滿星星，自得其樂。

「憲哥，我知道我不夠好，可以講更明確一點嗎？除了投影片我自己知道以外。」

我看著他說：「節奏、節奏、節奏。」後面的補充可能讓他無法接受。

「所謂的B級是一種相對值，如果把你放到高價課程中，就是B這樣的等級了；但如果放在學校、社團、政府單位的訓練課程，可能就是黃金等級。這是一種相對值，你千萬不要介意，就像陳金鋒若看到鈴木一朗現場打擊示範，會俯首稱臣的概念是一樣的。」

Peter懂了，然後一段時間沒有聯絡，我以為我們之間可以講真話。

真心話大考驗

隔了一陣子，Peter撥電話給我，那通電話我們談了近一個小時，我告訴他幾件事：

1你的講授時間太長，課程操作手法過於單一，長時間的講課容易讓學員睡著。

2過程中缺乏互動，可以嘗試運用舉手法、問答法、競賽法、影片法等。

3小組中人數過多，有人會「搭便車」（沒參與討論也無所謂），你沒發現嗎？

4沒有使用任何一樣道具或是教具，手法過於單調，陷入只有講授法的無底洞。

5投影片水準顯而易見，就不用多說了。

Peter在電話那頭，終於露出笑聲，他表示：「以前不會有人跟我說這些。」

「好啦好啦，請我喝杯咖啡就好。」

Peter：「憲哥，我拜你為師好嗎？」

「我只需要時間，不需要徒弟，我不用名氣這種虛幻的東西自我加持。」

Peter：「憲哥，你說我是B咖，你難道不擔心我會難過或負氣離開嗎？」

「A咖是不用激勵，不需要聽太多好話的，你看過陳金鋒被三振，教練洪一中跑去安慰他嗎？加油啦，我跟你一樣都在奮鬥。」

結束談話後一個星期，我們碰面喝咖啡，他順便請我吃了便餐，我真的很開心。

士別三日，刮目相看

日久見人心的道理我不會不懂，Peter 屬於讓我念念不忘的人。

我規劃了一場五位講師合體的課程，加上福哥與另外三位強棒，其中一位便是 Peter。他欣喜若狂地叫著，我說：「壓力才剛剛開始。」

Peter 難掩心中的喜悅，一直說：「要跟鈴木一朗當隊友，能不興奮嗎？」

我說：「鈴木一朗也要扛球棒上場，我也需要準備，你只要讓我有打點，讓我以你為榮就好了，加油喔。」

上課那一天，我完全不擔心福哥與另外兩位講師，我只擔心 Peter。我全程坐在後面觀看他的授課過程，自我介紹 why me 雖然有些冷，不過不失為一個好方法，時間不長，勉強過關。

他最大的進步就是：操作現場互動了。走位、指令、手勢、加分的方式、與學員的交流等，都是A級表現。尤其是他無人能敵的專業，台下學員的任何一個答案，他都能講出哪裡對、哪裡錯，充分說明理由，言之有物，這一點表現令人佩服。

眼神搭配走位的移動，讓現場互動的操作十分流暢，顯見他這段時間的努力。他給每一位學員一個代號，不僅在移動座位時簡單迅速，也能有效掌握課程進行的步調與節奏，讓每組六位學員人人全力投入，沒有機會搭便車，這一點調整得非常到位。

至於投影片當然還有改善空間，不過瑕不掩瑜了，另外兩位教練也提供建議：「可以將音樂換成快節奏的旋律，以符合現場氣氛。」他承諾下次改善。

我最後提醒 Peter：「教學的內容還是太多，當你學會捨去，將專注放在重要的事情上，也就更接近A咖，千萬別被虛幻的名稱給束縛，你就是你，做最好的你。」

福哥講評

課程一結束，我馬上對Peter說：「你表現得非常好！」他笑得一臉開心，馬上打電話與家人分享。但是之前在他還沒有改進時，板起臉來批評他、要求他改進、態度最嚴厲的人，也是我！

身為教練，你有說真話的勇氣嗎？而身為選手，你有聽真話的勇氣嗎？

如果你身邊有人願意冒著與你交情變差的風險，跟你講真話，而且還會具體告訴你什麼地方應該改進，以及如何改進；如果有這樣幫助你不斷成長的人，請記得要好好珍惜啊！

50 奪冠溝通模式

真心，傳達影響力的不二法則

我與郭教練相識在電影《志氣》的媒體試映會。

木訥寡言的教練

媒體試映會結束後，我受邀去拍一支推薦影片。在拍攝的現場，郭教練正帶著他的子弟兵，面對媒體發表談話。我發現他非常緊張，而且並不擅長面對公眾表達自己。

然後，郭教練來跟我握手。他的確很靦腆，景美台師大聯隊的女學生們更靦腆。郭教練跟我問好，我對他說：「您們真的很棒，我想要包場電影。」

由此開展了我們的緣分。

之後兩年內我遇到他的場合，不外乎是全國書展、《志氣》劇組南下的媒體活動、他參加我的新書發表會、募款演講，或是他帶領學生來聽我的演講。我們的交集就是「我話很多，他話超少」。兩人像天平的兩端，幾乎不可能迸出火花。

真心，最好的溝通方式

有一次，我跟郭教練提議：「如果您們出國比賽，我方便同行的話，我願意全程自費，請帶我去好嗎？」就在郭教練帶領國家隊前往瑞典參加世界盃拔河比賽之前，他用臉書私訊告訴我這個消息，並邀請我隨行，我非常開心，三秒鐘立即答應邀約。接下來我花了些工夫調動課程，內心只有一個念頭：「一定要實現這個願望。」

在這場比賽中，景美台師大勇奪六金，戰果輝煌，有幾個不為人知的小故事值得分享。

其中一場準決賽，中華隊順利獲勝晉級。我看到敗隊的總教練在旁邊一直安慰選手，雖然聽不懂他們的語言，光看肢體動作就可判斷他竭盡所能在激勵隊伍：「好好準備季軍戰。」

與這番情景相較，我看不懂的地方卻是：「明明我隊剛才表現得很好，為何郭佬一下場就大聲斥責選手？」

郭佬：「第幾隻，妳剛剛是怎樣！第幾隻，妳是想睡嗎？妳們到底想不想贏？倒數第幾隻，不想拉就不要拉！」

害我在旁邊尷尬到說不出話來，本來想錄下準決賽勝利後的畫面，手機拿了出來，又立刻關掉錄影，假裝拍個照，馬上閃開。

為什麼失敗要安慰，勝利卻責罵？

我忍不住問了前校長：「郭佬為什麼這樣跟學生講話？明明就拉得很好啊。」

校長回答說：「以前都是罵得越凶，奪冠機會越高。」

我好像一下子聽懂了玄機，這是所謂的「愛之深，責之切」嗎？我想不是的，或許是金牌教練的一種溝通模式。

我把它定義成為「奪冠溝通模式」。

如果根本不會贏，罵也沒有用，就是因為會奪金，關鍵時刻的提醒，對選手而言非常重要，尤其是冠軍賽前的耳提面命，叮嚀著大家：「千萬不要大意失荊州。」

運動比賽與職場上的領導與管理哲學，大異其趣。

「無欲則剛」的真義

世界盃閉幕晚會上，我跟中華隊隨隊的老師們聊天，我才知道奪金以後，國家會頒發獎金給參賽選手，而教練卻沒有，一毛錢也沒有。

我一開始非常訝異，教練沒獎金，不會吧？那比賽過程中教練這麼認真做什麼？思考了這之間的關聯，我才恍然大悟——「無欲則剛」，就是因為教練無所求，他對學生的一言一行，才被學生如此看重。

我似乎懂了，「你是誰，比你說什麼更重要」、「坦誠，才是表達最重要的原則」。

郭教練的聲音非常沙啞，面對媒體很不吃香，表情也略嫌單調，但就表達技巧上，他有幾個獨一無二的特色，「黝黑的皮膚、炯炯有神的雙眼，以及獨特的威嚴」。

電影《志氣》中拍的都是真的。

記得某年春節前，我跟幾位好友一起去景美拜訪郭教練。體育館裡正在練習的同學一看到我，馬上就稱呼我憲哥，讓我頗為驚喜。隨後郭教練輕聲說了一句「集合」，短短幾秒鐘的時間，所有人圍成一個半圓形，郭教練就開始簡短的講話。

郭教練的話不多，典型的「省話一哥」，但是言簡意賅，沒有任何多餘的言詞，每個字都嵌進聽眾的心坎裡。

這也是一種有效的溝通模式，清楚而易懂。

在現今社會中，往往把溝通想得複雜了，慣用包裝過後的語言，而非真心。

領導者的溝通要訣

最後，我想給領導者四個與溝通有關的小建議：

1紀律：維繫領導者威信的重要原則。

2長話短說，言簡意賅，清楚傳達，直球對決：這是我在金牌教練身上看到有效的溝通武器。

3助人成功：當選手有強烈目標時，教練的工作便是幫助他成功，無需過多包裝的語言，講真話是唯一該做的，不要虛偽，不要等到金牌落空後才來後悔，當時為何沒說該說的。

4選手不怕被罵，只怕與金牌失之交臂。

福哥講評

「以身作則」、「用成績說話」是我對郭教練的兩大印象。郭教練也是運動員，對自己的運動成績以及身材的保持同樣有非常高的要求，而他帶領的拔河隊屢獲佳績，有了這兩大基礎，講話自然充滿威信，團隊選手人人信服！

身為一個領導者，重點從來不是說出一口漂亮的話，而是能否以身做則，帶領團隊展現漂亮成績？這絕對比說多少話，或怎麼說話，來得更重要。

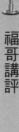

51 什麼是說出影響力？

「一起面對、一起分享」的帶人哲學

有一次課堂中，我問身為中階主管的學員們：「您們印象中，最深刻的一次說出影響力的場景或話語是什麼？這些話為什麼影響著您或他人？」

信宏的故事

信宏是金融業的中階主管，靠著勤奮努力，考進當時號稱金飯碗的公營省屬行庫。從櫃檯行員開始，一路雖不至平步青雲，但也一步一腳印，闖出一番成就。

我邀請學員分享他們在擔任主管歷程中，一個成功或失敗的管理經驗，信宏現場的分享很讓人感動，我又約了他見面。

我問：「願意多談一些嗎？」

信宏的再次分享，讓我讚嘆不已。

踏入金融業二十年，當初在省屬行庫自覺進步緩慢，雖然福利不錯，但是他仍放棄這條路，轉向保險工作。在保險業歷練這段期間，他交出不錯的成績，成為保險業與銀行理專的窗口，負責輔銷與教育訓練。

那些年他表現優異，老闆很賞識他，開始有機會接觸一般理專的工作。之後，他從保險公司轉換跑道至金融業，擔任分行理專的業務督導，負責管理銀行的理財業務，直到二○○八年全球金融風暴。

不一樣的新任主管

二○○八年，信宏當上爸爸，也順利考取ＥＭＢＡ，但伴隨金融風暴來襲，行內四分之一的理專沒了頭路，不是自己離職，就是公司請他們走路。信宏對於保不住自己的同仁，自覺失職，也十分懊惱，一點都沒有初為人父、五子登科的喜悅。

他最不能忍受的就是，許多該負責任的分行經理、大理專紛紛拍拍屁股就離職，走的人一了百了，卻將後面的客訴爛攤子，留給待下來繼續打拚奮鬥的人。信宏選擇留下來跟同仁戰到最後一刻，用肉身去應對客戶的唇槍舌劍，然後他遇到了新任副總：黃老大。

黃老大從行內企劃部門空降，信宏一開始對他半信半疑，如今變成自己的主管，期望能夠與他並肩作戰，度過大量客訴的超級難關。

某次與陳姊的對談，讓他看見主管的肩膀。

陳姊是行內高資產顧客，背景特殊，因為受風暴影響，損傷慘重。不過行內看過她的投資簽署資料後，確認銀行完全站得住腳。某天下午，黃副總與信宏協理，一起與陳姊進行協商。

陳姊在大熱天的午後走進分行，身旁帶了兩位身著黑衣的少年，陳姊長、陳姊短的。

陳姊坐下之後，歇斯底里的口氣加上拍桌子，用極盡恐嚇的口吻對副總與信宏說：「要是今天得不到賠償，我會找律師告你們，大家走著瞧。副總，你留下來，那個胖子，你滾。」

信宏認為陳姊指的胖子就是他，大為光火。

黃副總：「陳姊，若是同仁服務不當，或是作業流程有瑕疵、相關風險未盡告知義務，您可以向我們反應，可是我不能接受您一見面就羞辱我的同事。信宏你坐著，不用出去。」

「陳姊，您們滿嘴髒話，又對我們做人身攻擊。我是台大法律系畢業，您如果需要律師，我有不少朋友可以幫忙。我也有地院的法官跟檢察官朋友，要不要我幫您介紹？歡迎您按照程序來，這會議室有全程攝影、錄影，我們都可以幫您做紀錄。」

最後，客戶在一陣叫罵聲中揚長而去。

黃副總轉頭拍著信宏的肩膀說：「這陣子你辛苦了，雖然你來銀行沒很久，但你處理客訴是全行績效最好的區域之一，你只要幫我確認銀行在流程中站得住腳就好了。走吧，我們去轉角喝杯咖啡。」

最有影響力的兩個字

信宏鮮少能跟銀行的高階長官喝下午茶，長期處理客訴的壓力終於潰堤，情況雖然有些尷尬，而當下如雷貫耳、淨化信宏累積已久敗壞細胞的，其實只有兩個字：「一起。」

他們一起奮鬥、一起處理、一起想方法、一起面對顧客。信宏心想：「雖然主管面對客訴的方法不盡理想，但看在同仁眼中，黃老大果然有肩膀，同仁都很心安，相較其他逃命的同事與分行經理，黃老大的所作所為，深深地烙印在每個人的心中。」

之後在信宏的職業生涯上，「一起面對、一起享受」成為他的帶人哲學，我問他：「什麼是說出影響力？」

「無畏、無我、無懼、無欲、無所求，才能說出影響力。」我在旁邊聽他說，自己也上了一課，此時的我，很想認識黃老大，很想親眼看看在信宏眼中，「五無」的黃老大。

福哥講評

在這個故事中，「信任」是一切的關鍵！因為能夠「一起」，所以才有辦法逐步建立信任。等到信任基礎穩固後，不論說什麼都能有影響力了。

所以不管是上台，或是談話溝通時，應該要先思考一件事：如何建立彼此更穩固的信任關係？強化台下對你的信任，讓台下知道你是誰，為什麼你說的這件事情很重要。解除台下的懷疑及不信任，絕對是建立影響力的重要步驟。

52 練習改變，練習說出影響力

一加六的演講擂台

人生是一連串幸運、助人、接受幫助的過程。

一萬個小時的里程碑

授課時數累計達一萬小時的前一天，我正在雅虎擔任認證講師的口說與簡報評審，現場與許多媒體以及名人同台。

活動結束，名人與媒體離開之後，主持人突然要我留下，我與現場兩百多位觀眾、同仁，歷經了感動不已的半小時。

雅虎知道我即將緩步退出講師領域，特別安排了獻花與學員代表致詞，讓我在雅虎六年的授課，畫下完美的句點。我也臨時回贈了一支自製、隔天將要播放的畢業影片。我覺得這十幾年，有雅虎這客戶，此生無憾了。

當天心情很激動，脫口說出一句話：「謝謝大家這麼看重我，今天起，我們不再是客戶與供應商的關係，我們是朋友，年底我送您們一場演講，您們說好不好？」

就在全場說「好」的同時，我的眼淚奪眶而出。

一加六，別開生面的演講

我安排了一場別開生面的演講，不同以往，史無前例。

什麼是說出影響力？

客戶出錢訂場地，六十幾位同仁付出寶貴時間，給我兩小時，主題由我自訂。我要怎麼做，讓台下觀眾有兩小時的大豐收？

我選了一個主題：「練習改變。」

當天的兩小時，我用了八十分鐘，預留四十分鐘給我邀請的六位學員上台，分享他們練習改變的故事。

客戶事前完全不知道我的精心安排。

我的段落結束，現場又哭又笑的，我話鋒一轉，說：「接下來，讓我們一起用最熱烈的掌聲歡迎憲哥的六位好朋友，首先歡迎第一位：亞洲潛水 PADI 白金課程總監：陳琦恩出場。」

一陣驚訝聲中，琦恩從觀眾席中走出來，他一上台的開場白就是：「投影片上的人是我爸，一九八六年華航空難的黑盒子，就是他找到的……。我從小在討海家庭長大，靠著海事工程過日子，簡單講：就是海裡的工人，簡稱海人。」

「全球有六十位 PADI 潛水白金課程總監，兩岸僅三位，會講台語的只有我。」

琦恩的 why me 與金句非常強，記憶點尤其深刻，雖然肢體略顯僵硬，完全不失他專業潛水教練的帥模樣，尤其是提到台灣人應該要改變海洋文化，多與海洋接觸，並減少丟垃圾的行為，讓觀眾十分認同。

「**金句是王**。」

第二位是《一〇八二萬次轉動》的作者張修維，修修用他多年前八十幾公斤的胖身材為例，道出他改變的誘因。原來年輕的他被鏡中自己宛如中年大叔中廣腰圍的恐怖影像給嚇到，下定決心減重，並參加鐵人三項、超級鐵人三項，最後單車環遊世界兩萬五千公里。他的親身經驗告訴大家：

「只有經歷，才是生命。」

第三位是「女人進階」的版主張怡婷，Eva 精準的口條、甜美的外貌、不疾不徐的語速，說出身為職業婦女的辛酸與苦處，還有在科技大廠中，殺出一條精彩道路的過程。雖然只有短短的七分鐘，全場無不感動，尤其她在訴說生命歷程時，詼諧幽默中又帶點禪意，很有特色。她在演講中大聲呼籲職業婦女，改變工作與家庭時間配比，重新調整天平，最讓我印象深刻。

「口條儀態，無人能敵。」

第四位是牙醫診所院長鄧政雄。他是六位當中年紀最長的，一抹微笑總是掛在臉上，他用略帶自我調侃的口吻，說出多年前接手牙醫診所時，病人從滿坑滿谷，到減半打對折，最後只剩下四分之一的過程。之後又利用自我定位與改善就診環境，讓自己重獲地區民眾的歡迎。其中還有一段九位歐巴桑圍住診所，抗議掛號費漲價五十元的有趣故事，不僅令現場觀眾噴飯，也讓大家思考社區診所存在的價值與意義，絕非廉價的醫療能夠取代。

「親身經歷，才是王道。說自己的缺點，大家都會相信是真的。」

第五位是老K醫師。他當天從花蓮趕來，只為了七分鐘的演講，講完就要趕回去，他告訴我們：「珍惜現在，擁抱生命。」

他的故事被我寫在《商業周刊》「職場憲上學」的專欄，兩天瀏覽超過四十萬人次、四萬人按讚：「宅男醫師帶著兩支螢光棒，一個人去看五月天演唱會，只為了老婆臨終前的一句話……」他的故事讓現場觀眾紅了眼眶，雖然我聽了五六遍，此次仍然心酸不已。老K醫師描述自己如何度過喪妻之痛，經由改變心情，重新發現生命意義的心路歷程。他向聽眾傾訴內心的掙扎與糾葛，令人動容。

「生命的歷程，本是故事。真實故事，最能打動人心，其他都僅是包裝。」

最後一位出場的是小卡，莊舒涵老師。她的開場白是：「去年十二月，我的好朋友在摩斯漢堡告訴我，他的肝臟纖維化……。」一個直接切入主題的開場白，小卡就是那麼有義氣，對朋友的病情，當作自己身體般的重視。她在短短的七分鐘之內，從敘述陪伴生病的朋友，談到自己文筆進步的過程，原本每天只有一百人看的文章，到寫出一篇超過千人分享，八萬人瀏覽的好文。如何從筆拙至筆活的內在轉折，透過她的口說，發揮得淋漓盡致。

「女性的溫暖與毅力，不容小覷。」

從演講擂台中學到的事

那天的我，覺得自己是全世界最富有的人，不僅客戶、學員願意幫助我，還讓雅虎為我舉辦了惜別會與這場演講。我的精心安排與設計，帶給現場觀眾「練習改變」的觀念與方法，還有六位講者的現身說法，除了傳達理念，也讓聽眾在感動之餘，能在自己的生活與工作中「練習改變」，這不是就是說出影響力嗎？

這場演講結束後，我與六位講者分享了三件事：

1 真實故事，才能打動人心，其他都只是包裝。

2 演講的時候，往前站一點，不要越站越後面，試著接近觀眾，觀眾也會溫暖回應。

3六位都表示是我給了他們舞台，我卻說：「是您們教會了我勇敢。」

雅虎非常滿意這樣的安排，我對雅虎副總說：「我們是互相說出影響力的一群人。」副總對我說：「海人誠懇、修修活潑、Eva幹練、牙醫幽默、老K開口我就掉淚、舒涵精彩無私、憲哥則是最棒的導演。」

聽到這樣的回應，讓我笑得好開心。

福哥講評

不知怎麼的，看完這篇故事，我的眼淚簌簌地流了下來。故事中的每個人物我都認識，雖然大家都稱呼憲哥跟我是教練，但其實是大家教會了我們很多事，不管是努力工作，還是努力生活。我們在互動的過程中，彼此都學到了很多。

當你凡事盡心盡力，上台就能充滿魅力！謝謝大家，我們也學習了！

國家圖書館出版品預行編目資料

千萬講師的50堂說話課 / 謝文憲, 王永福著. -- 初版. -- 臺北市 : 商周, 城邦文化出版 : 家庭傳媒城邦分公司發行, 2017.02　面；　公分

ISBN　978-986-477-185-1（平裝）

1.職場成功法　2.說話藝術　3.人際關係

494.35　　106000581

千萬講師的50堂說話課

作　　者／謝文憲、王永福
責任編輯／程鳳儀

版　　權／翁靜如、林心紅
行銷業務／林秀津、王瑜
總 經 理／彭之琬
發 行 人／何飛鵬
法律顧問／元禾法律事務所　王子文律師
出　　版／商周出版
115台北市南港區昆陽街16號4樓
電話：(02) 2500-7008 傳真：(02) 2500-7579
E-mail：bwp.service@cite.com.tw
Blog：http://bwp25007008.pixnet.net/blog
發　　行／英屬蓋曼群島商家庭傳媒股份有限公司城邦分公司
115台北市南港區昆陽街16號8樓
書虫客服服務專線：(02)2500-7718・(02)2500-7719
24小時傳真服務：(02)2500-1990・(02)2500-1991
服務時間：週一至週五09:30-12:00・13:30-17:00
郵撥帳號：19863813　戶名：書虫股份有限公司
讀者服務信箱E-mail：service@readingclub.com.tw
歡迎光臨城邦讀書花園　網址：www.cite.com.tw
香港發行所／城邦（香港）出版集團有限公司
香港九龍土瓜灣土瓜灣道86號順聯工業大廈6樓A室
Email：hkcite@biznetvigator.com
電話：(852)2508-6231　傳真：(852)2578-9337
馬新發行所／城邦(馬新)出版集團　【Cite (M) Sdn. Bhd.】
41, Jalan Radin Anum, Bandar Baru Sri Petaling,
57000 Kuala Lumpur, Malaysia
電話：(603)90563833　傳真：(603)90576622
Email：services@cite.my

封面設計／徐璽工作室
內頁排版／唯翔工作室
印　　刷／韋懋實業有限公司
經 銷 商／聯合發行股份有限公司
地址：新北市新店區寶橋路235巷6弄6號2樓
電話：(02) 2917-8022　傳真：(02) 2911-0053

■ 2017年02月07日初版　Printed in Taiwan
■ 2024年08月08日初版11.6刷

定價／320元

ISBN　978-986-477-185-1